KIELER GEOGRAPHISCHE SCHRIFTEN

Begründet von Oskar Schmieder

Herausgegeben vom Geographischen Institut der Universität Kiel
durch J. Bähr, H. Klug und R. Stewig

Schriftleitung: S. Busch

Band 76

REINHARD STEWIG

Über das Verhältnis der Geographie zur Wirklichkeit und zu den Nachbarwissenschaften

Eine Einführung

Geographisches Institut
der Universität Kiel
Neue Universität

KIEL 1990

IM SELBSTVERLAG DES GEOGRAPHISCHEN INSTITUTS
DER UNIVERSITÄT KIEL

ISSN 0723 - 9874
ISBN 3 - 923887 - 18 - 3

CIP-Titelaufnahme der Deutschen Bibliothek

Stewig, Reinhard:
Über das Verhältnis der Geographie zur Wirklichkeit und zu den Nachbarwissenschaften: eine Einführung / Reinhard Stewig. Geogr. Inst. d. Univ. Kiel. - Kiel: Geograph. Inst., 1990
  (Kieler geographische Schriften; Bd. 76)
  ISBN 3-923887-18-3
NE: GT

Gedruckt mit Unterstützung des Ministeriums für Bildung, Wissenschaft, Jugend und Kultur des Landes Schleswig-Holstein

©
Alle Rechte vorbehalten

Vorwort

Eine wahre Geschichte vorweg. Ein Buchhändler, der den Verfasser der vorliegenden Veröffentlichung als Geographen kannte, fragte ihn vor einiger Zeit: wenn
die Mineralogen und Petrographen die Gesteine untersuchen,
die Geologen die Erdgeschichte,
die Pedologen die Böden,
die Meteorologen das Wetter,
die Hydrologen die Gewässer,
die Botaniker die Pflanzen,
die Zoologen die Tiere,
die Anthropologen den Menschen,
die Soziologen die Menschen,
die Demographen die Bevölkerung,
die Volkskundler die Sitten und Gebräuche,
die Ethnologen die Naturvölker,
die Ökonomen die Wirtschaft,
die Historiker die Geschichte,
die Kunsthistoriker die Kunstgeschichte,
die Politologen die politischen Verhältnisse,
die Verkehrswissenschaftler den Verkehr,
die Bau- und Architekturwissenschaftler die Häuser, Gebäude und Siedlungen,
was machen dann eigentlich noch die Geographen?

Die berechtigte Frage verrät eine verbreitete Unkenntnis der Öffentlichkeit und wohl auch angehender Studenten, was den Tätigkeitsbereich der Geographie als Wissenschaft betrifft. Die folgenden Ausführungen wollen versuchen, diese Unkenntnis zu mildern. Sie verstehen sich als ein Beitrag zur Unterstützung der Lehre in der Geographie.

Inhaltsverzeichnis

	Seite
Vorwort	III
Einleitung	1
Kurzcharakterisierung des Faches	1
Einführungen im Vergleich	2
Die Geographie im Bedingungszusammenhang von Wirklichkeit und Wissenschaft	5
Wirklichkeit (inhaltlich): Natur - Geist - Mensch	5
Natur	5
Geist	9
Mensch	11
Wissenschaft: Natur-, Geistes-, Sozialwissenschaft	17
Naturwissenschaft	19
Geisteswissenschaft	21
Sozialwissenschaft	23
Wirklichkeit (formal): Raum und Zeit	27
Raum	27
Zeit	29
Hinweise auf die Geographie in der Praxis	30
Von der Landschaft zum Geosystem: Paradigmenwandel in der Geographie	32
Der traditionelle Landschaftsbegriff	33
Geosysteme als Forschungsgegenstand	37
Die Umbruchsituation	44
Die Bindestrich-Geographien: allgemeine Physische Geographie und allgemeine Kulturgeographie	49
Allgemeine Physische Geographie	50
Geomorphologie	50
Klimageographie	55
Vegetationsgeographie	61
Landschaftsökologie / Geoökologie	66
Weiterführende Literaturhinweise	68

	Seite
Allgemeine Kulturgeographie	69
Bevölkerungsgeographie	71
Siedlungsgeographie	77
Wirtschaftsgeographie	87
Sozialgeographie	103
Weiterführende Literaturhinweise	113
Das Problem der Länderkunde in der Geographie	115
Nachwort	129
Summary	131

Verzeichnis der Abbildungen (und ihrer Quellen)

Seite

Abb. 1: Die Geographie im Bedingungszusammenhang von Wirklichkeit und Wissenschaft
(eigener Entwurf)   6

Abb. 2: Hierarchie der menschlichen Bedürfnisse, nach A.H. Maslow
(eigener Entwurf)   14

Abb. 3: Bestandteile eines Systems
(aus: H. Klug, R. Lang: Einführung in die Geosystemlehre; Darmstadt 1983, S. 28)   40

Abb. 4: Kopplungsarten in einem System
(aus: H. Klug, R. Lang: Einführung in die Geosystemlehre; Darmstadt 1983, S. 26)   41

Abb. 5: Geosystem physischer Ausprägung
(aus: H. Klug, R. Lang: Einführung in die Geosystemlehre; Darmstadt 1983, S. 6)   42

Abb. 6: Schematisches Profil durch eine Schichtstufenlandschaft
(eigener Entwurf)   53

Abb. 7: Das Relief der Erde als System
(aus: H. Leser, W. Panzer: Geomorphologie. Das Geographische Seminar; Braunschweig 1981, S. 15)   54

Abb. 8: Gliederung der Pflanzenkunde, nach H. Walter
(eigener Entwurf)   63

Abb. 9: Landschaftsökologisches Modell/System
(aus: H. Leser: Landschaftsökologie. Universitätstaschenbuch 521; Stuttgart 1978, S. 250)   67

Abb. 10: Graphische Modelle typischer Altersstrukturen der Bevölkerung verschiedener Länder
(aus: J.A. Hauser: Bevölkerungslehre. Universitätstaschenbuch 1164; Bern und Stuttgart 1982, S. 70)   73

Abb. 11: Modell des demographischen Übergangs/Theorie der demographischen Transformation in graphischer Darstellung
(aus: J.A. Hauser: Bevölkerungsprobleme der Dritten Welt. Universitätstaschenbuch 316; Bern und Stuttgart 1974, S. 131)   74

Abb. 12: Die klassischen Stadtstrukturmodelle von E.W. Burgess; H. Hoyt; Ch.D. Harris/E.L. Ullman
(aus: E. Lichtenberger: Stadtgeographie 1. Begriffe, Konzepte, Modelle, Prozesse. Teubner Studienbücher Geographie; Stuttgart 1986, S. 57)   86

		Seite
Abb. 13:	Modell der Agrarraumstruktur nach der Theorie von J.H. von Thünen (aus: A. Arnold: Agrargeographie. Universitätstaschenbuch 1380; Paderborn 1985, S. 60)	99
Abb. 14:	Der Industrialisierungsprozeß als System (aus: W. Brücher: Industriegeographie. Das Geographische Seminar; Braunschweig 1982, S. 14)	100
Abb. 15:	Verteilung der zentralen Orte und ihrer Einzugsgebiete nach der Theorie von W. Christaller (aus: W. Christaller: Die zentralen Orte in Süddeutschland; Jena 1933/Nachdruck: Darmstadt 1968, S. 71)	101

Die Erlaubnis zur Übernahme von Abbildungen liegt von folgenden Verlagen schriftlich vor:

Abb. 3, 4, 5, 15: Wissenschaftliche Buchgesellschaft, Darmstadt

Abb. 7, 14: Georg-Westermann-Verlag, Braunschweig

Abb. 9: Verlag Eugen Ulmer, Stuttgart

Abb. 10, 11: Verlag Paul Haupt, Bern

Abb. 12: Verlag B.G. Teubner, Stuttgart

Abb. 13: Verlag Ferdinand Schöningh, Paderborn

Die Erlaubnis zur Übernahme von Texten liegt von folgenden Verlagen schriftlich vor:

E. Klett, Schulbuchverlag, Stuttgart

Bayerischer Schulbuch-Verlag, München

Vandenhoeck und Ruprecht, Göttingen

Einleitung

Kurzcharakterisierung des Faches. Die Geographie befaßt sich mit der Wirklichkeit der Erdräume. Insofern ist die Geographie eine empirische Wissenschaft, was nicht ausschließt, daß auch theoretische Überlegungen angestellt werden, um der Wirklichkeit besser gerecht werden zu können.

Die Wirklichkeit präsentiert sich in einer ungeheuren Mannigfaltigkeit der Erscheinungsformen - hinzu kommt die Ausgedehntheit der Erde -, so daß das eigentliche wissenschaftliche Problem des Faches Geographie darin besteht, das - in der Vielfalt zum Ausdruck kommende - Allgemeine zu erfassen, ohne den Eigenwert des Individuellen zu negieren.

Die Fülle der Wirklichkeit weist unterschiedliche Qualitäten auf. Sie lassen sich mit den Stichworten Natur - Mensch - Geist andeuten. Die Natur unterscheidet sich - als unbelebte und belebte Natur - in ihrer Qualität wesentlich von dem geist- und sprachbegabten Menschen; aber der Mensch ist in seiner Physis der Natur verhaftet und unterworfen.

Die unbelebte Natur - und sehr weitgehend auch die belebte Natur - lassen kein personales Bewußtsein erkennen, das gerade den Menschen auszeichnet. Selbst die höheren Tiere sind in ihre natürliche Umwelt eingebunden; der Mensch kann sich aufgrund seiner Qualitäten, die in einem weiten Freiheitspielraum resultieren, über die Bindung an sein Milieu hinwegsetzen.

Angesichts der so unterschiedlichen Qualitäten von der unbelebten und belebten Natur einerseits, dem geistbegabten Menschen und seiner Kultur andererseits, wobei beide Qualitäten in fast allen Erdräumen anzutreffen sind, überrascht es nicht, daß unterschiedliche Wissenschaften - die Naturwissenschaften einerseits und die Sozial- und Geisteswissenschaften (= Kulturwissenschaften) andererseits - sich dieser unterschiedlichen Qualitäten angenommen haben.

So kommen im Fach Geographie die zwei großen Richtungen der Natur- und der Kulturwissenschaften zusammen, ja treffen bisweilen hart aufeinander.

Da in einer Vielzahl von Erdräumen Natur und Kultur innig miteinander verwoben, in einer anderen Vielzahl von Erdräumen Natur und Kultur unterschiedlich stark ausgeprägt sind, ergibt sich für das Fach Geographie das über jeweils Natur und Kultur hinausgehende Interesse, den übergreifenden Zusammenhang zu erkunden. Während die allgemeine Physische Geographie und die allgemeine Kulturgeographie selektiv dem naturwissenschaftlichen bzw. kulturwissenschaftlichen Partialzusammenhang in Verbindung mit entsprechenden Nachbarfächern nachgehen, wird der Aspekt des übergreifenden Gesamtzusammenhanges von einer dritten Teildisziplin des Faches Geographie, der Länderkunde/Regionalgeographie, verfolgt.

Die sich jeder Wissenschaft stellenden Frage nach ihrem Sinn und Zweck muß auch für das Fach Geographie beantwortet werden.

Prinzipiell lassen sich drei verschiedene Antworten geben. Die eine Antwort wäre, daß Wissenschaft einen Eigenwert darstellt, also Wissenschaft um der Wissenschaft willen - als l'art pour l'art - betrieben wird.

Die andere Antwort kennzeichnet das gegenteilige Extrem: Wissenschaft habe der Gesellschaft zu dienen. Diese Antwort wirft die schwierig zu beantwortende Frage auf, wer denn zu entscheiden hat, was für die Gesellschaft als wichtig und bedeutsam anzusehen ist: Die Wissenschaftler? Die Politiker? Die Gewerkschafter? Die Unternehmer?

Die dritte Antwort ist die pragmatische und sollte auch für das Fach Geographie gegeben werden: eine gewisse - schwer bestimmbare - gesellschaftliche Relevanz, eine Verpflichtung des Faches der Gesellschaft gegenüber sollte anerkannt werden; andererseits ist auch für die Wissenschaft ein Freiraum für nicht-anwendungsbezogene Grundlagenforschung zu fordern, aus dem heraus sich neue Entwicklungen erst vollziehen können.

Für das Fach Geographie bedeutet dies, daß über die naturwissenschaftlich orientierten Beiträge, die eine interdisziplinär sich öffnende Physische Geographie zur Lösung der Umweltproblematik zu leisten vermag, nicht vergessen werden sollte, daß der Mensch ein anthropologisches Bedürfnis nach Sinngebung und Klärung seiner territorialen Bezüge und Einbindungen aufweist. Die geistige Bewältigung des technischen Fortschritts vermögen nicht Naturwissenschaftler, sondern Sozial- und Geisteswissenschaftler, darunter auch Kulturgeographen, durch eine verständnisvolle Interpretation der sachlich-räumlichen Bezüge des Menschen zu leisten.

Geographie ist eine Wissenschaft des "Drinnen" und "Draußen". Im Gelände und in Städten wird von Physischen Geographen gemessen, beobachtet und kartiert, von Kulturgeographen befragt, beobachtet und kartiert. Die Fülle der Wirklichkeit der Erdräume kann nur bedingt in die Studier- und Analysierstube hineingenommen werden. Deshalb spielen jene Medien und Methoden, die diese Hineinnahme der Wirklichkeit ermöglichen (Beobachtungsprotokolle, Fragebogen, Meßdaten, Karten, Photos, Luftbilder), eine wichtige Rolle im Fach Geographie. Ihre Breite spiegelt die Mannigfaltigkeit der Wirklichkeit und den technischen Fortschritt.

"Drinnen" werden unterschiedlichste - naturwissenschaftliche sowie sozial- und geisteswissenschaftliche - Auswertungsmethoden (Labor- und statistische Verfahren) angewendet, um die erhobenen und/oder gemessenen Daten einer sinnvollen Analyse zu unterziehen. Bereits veröffentlichte Ergebnisse werden - aus der Sekundärliteratur - vergleichend hinzugezogen. Dabei geht es sowohl im sozial- und geisteswissenschaftlichen, als auch im naturwissenschaftlichen Zusammenhang in zunehmendem Maße um eine über eine bloße Wiedergabe von errechneten Daten oder Zahlenreihen hinausgehende Interpretation, d.h. eine Bewertung der Daten, eine Kennzeichnung ihrer Bedeutung innerhalb größerer Zusammenhänge.

Einführungen im Vergleich. Der Name Geographie bezieht sich im allgemeinen auf die wissenschaftliche Disziplin, während das Schulfach als Erdkunde bezeichnet wird. Aber diese Unterscheidung wird nicht konsequent eingehalten: eine nach dem Zweiten Weltkrieg in Bonn 1947 gegründete, hochwissenschaftliche Zeitschrift des Faches nennt sich - untertreibend - "Erdkunde".

Die vorliegende Veröffentlichung ist nicht das erste und einzige Bemühen um eine Einführung in die Geographie:

E. Weigt: Die Geographie. Eine Einführung in Wesen, Methoden, Hilfsmittel und Studium (Das Geographische Seminar); 1. Auflage Braunschweig 1957; 4. Auflage Braunschweig 1968

H. Leser: Geographie (Das Geographische Seminar); 1. Auflage Braunschweig 1980

Die Veröffentlichung von E. Weigt diente mehrere Jahrzehnte nach dem Zweiten Weltkrieg als handliche Einführung in die Geographie. Seitdem sich aber einschneidende Veränderungen innerhalb des Faches vollzogen haben, kann sie heute nicht mehr als aktuell bezeichnet werden.

Die Veröffentlichung von H. Leser ist als handliche und empfehlenswerte Einführung an die Stelle von E. Weigt getreten. Sie hat ohne Zweifel ihre Meriten. Man sollte aber bedenken, daß sie überwiegend eine Einführung in die Physische Geographie ist; die Kulturgeographie wird - gemäß der fachlichen Herkunft des Autors - vernachlässigt. Darüberhinaus wäre es denkbar, daß jene Leser größeren Gewinn aus der Veröffentlichung ziehen, die in der (Physischen) Geographie als wissenschaftlicher Disziplin bereits Fuß gefaßt haben.

G. Hard: Die Geographie. Eine wissenschaftstheoretische Einführung (Sammlung Göschen); Berlin, New York 1973

D. Bartels, G. Hard: Lotsenbuch für das Studium der Geographie als Lehrfach; 1. Auflage Bonn, Kiel 1975

Während die zweite Veröffentlichung - als "graue Literatur" wohl nicht allgemein zugänglich - ein Führer durch die Sekundärliteratur der Kulturgeographie - unter Vernachlässigung der Physischen Geographie - mit oft eigenwilliger Darstellung ist, als Einführung bedingt geeignet, kann auf die Veröffentlichung von G. Hard nur als weiterführende Literatur hingewiesen werden.

W. Benicke, H. Schrettenbrunner, J. Vieregge: Geographie. Fischer Kolleg 9, Das Abitur-Wissen; 1. Auflage Frankfurt am Main 1973; 4. Auflage Frankfurt am Main 1987

A. Hettner: Die Geographie. Ihre Geschichte, ihr Wesen und ihre Methoden; Breslau 1927

Zwei sehr unterschiedliche Veröffentlichungen sind hier nebeneinandergestellt. Mit der ersten soll darauf hingewiesen werden, daß es sich **nicht** um eine Einführung in Geographie, vergleichbar mit den zuvorgenannten oder den noch folgenden Ausführungen, handelt. Vielmehr geht es um ausgewählte Inhalte der Wirklichkeit der Erdräume, Raumbeispiele, die mal mehr durch ihre natürliche Ausstattung, oder mal mehr durch ihre kulturräumliche Prägung bestimmt sind. Einen Überblick über nahe und ferne Erdräume zu geben, ist aber nicht Sinn einer Einführung in die Geographie als Wissenschaft.

A. Hettner prägte die Konzeption des Faches Geographie in der ersten Hälfte des 20. Jahrhunderts. Auskünfte über neueste Entwicklungen wird man bei ihm vergeblich suchen. Sein in verständlicher Sprache geschriebenes Buch informiert über die konzeptionelle Ausgangsbasis heutiger Strömungen - mit oft alten Fragestellungen - und läßt ahnen, daß auch Wissenschaft nicht etwas Feststehendes, sondern der Entwicklung Unterworfenes ist. Er informiert auch über die lange Geschichte der Geographie in ihren unterschiedlichen Erscheinungsformen als Wissenschaft - ein Aspekt, der in dieser Veröffentlichung nicht verfolgt wird.

Einführung in eine wissenschaftliche Disziplin kann nicht heißen, daß spezialisierte Gelehrsamkeit ausgebreitet wird, sondern muß heißen, daß die Interessenlage derjenigen zu berücksichtigen ist, die eben noch nicht mit der Geographie als wissenschaftlicher Disziplin vertraut sind.

Wir alle sind in die Wirklichkeit der Erdräume hineingeboren worden. Die Mannigfaltigkeit dieser Wirklichkeit begegnet uns auf vielen vorwissenschaftlichen Ebenen lebensweltlicher Erfahrung. Wir unternehmen Spaziergänge und Ausflüge in die Umgebung unserer Wohnung und lernen so unsere Umwelt kennen. In der Schule wird in der Erdkundestunde unsere vorwissenschaftliche Erfahrung der Wirklichkeit der Erdräume vertieft und bis an das Niveau der Wissenschaftlichkeit herangeführt. Als Mitglieder einer hochentwickelten Industriegesellschaft gehen wir - eventuell mehrmals im Jahr - auf weite Urlaubsreisen, die auch der

Erweiterung unserer vorwissenschaftlichen Erfahrung der Wirklichkeit der Erdräume dienen. Der technische Fortschritt bringt den Industriegesellschaften über die Medien Zeitung, Zeitschrift, Rundfunk und Fernsehen nochmals eine ungeheure Erweiterung der vorwissenschaftlichen Kenntnisse selbst fernster Erdräume sogar zeitgleich ins Haus, läßt die Erde lebensweltlich zum Dorf schrumpfen.

Es wäre unangebracht, diesen Erfahrungsschatz der Wirklichkeit der Erdräume von seiten der Wissenschaft zu negieren, wenn es um eine Einführung in die Geographie geht. Von ihm aus soll versucht werden, bei der Darstellung der Teildisziplinen der Physischen Geographie und der Kulturgeographie zu den wissenschaftlichen Fragestellungen hinzuführen.

Es sei angemerkt, daß in den folgenden Ausführungen - um der Übersichtlichkeit willen - deutschsprachige wissenschaftliche Werke des Faches Geographie, und zwar hauptsächlich Lehrbücher herangezogen werden, so daß mit der vorliegenden Einführung in die Geographie auch eine Literaturübersicht verbunden ist.

Eine organisatorisch-technische Studienberatung ist nicht beabsichtigt.

Die Geographie im Bedingungszusammenhang von Wirklichkeit und Wissenschaft

Es wurde bereits mehrfach festgestellt, daß die Geographie als Wissenschaft sich aus den drei Teildisziplinen allgemeine Physische Geographie, allgemeine Kulturgeographie und Länderkunde/Regionalgeographie zusammensetzt. Dieser Aufbau spiegelt das Fach als Wissenschaft von der Wirklichkeit der Erdräume. Die Geographie reflektiert somit die mit den Stichworten Natur - Geist - Mensch angedeuteten unterschiedlichen Qualitäten der Wirklichkeit, die wiederum von entsprechenden wissenschaftlichen Hauptdisziplinen, Natur-, Geistes- und Sozialwissenschaften, wahrgenommen werden, an denen die Geographie beteiligt ist.

Damit ist der Bedingungszusammenhang der Geographie im Rahmen von Wirklichkeit und Wissenschaft kurz umrissen (Abb. 1). Die dritte Teildisziplin der Geographie, die Länderkunde/Regionalgeographie, befaßt sich mit dem die Teilqualitäten der Wirklichkeit (Natur - Geist - Mensch) übergreifenden Zusammenhang der dreidimensionalen, kleinen und großen Erdräume.

Alle drei Teilqualitäten der Wirklichkeit (Natur - Geist - Mensch) wie auch alle drei sich ihrer annehmenden wissenschaftlichen Disziplinen existieren im Raum und in der Zeit, die formale Kategorien der Wirklichkeit darstellen. Ihre Inhalte erscheinen als räumliche Differenzierung und zeitliche Veränderung der Wirklichkeit.

Es wäre einer Einführung in die Geographie unangemessen, den Begriff der Wirklichkeit in seiner philosophischen Tiefe ausloten zu wollen; von den möglichen Bedeutungsinhalten seien (nach M. Apel, P. Ludz: Philosophisches Wörterbuch; Berlin 1958; Sammlung Göschen; S. 309 f) angedeutet: 1. Wirklichkeit als Tatbestand im Unterschied zu Nichtwirklichkeit und Möglichkeit; 2. Wirklichkeit als Gegensatz zum bloßen Schein; 3. das metaphysisch Wirkliche als das Wesen der Dinge.

Hier sollen als Wirklichkeit nicht nur konkrete, optisch wahrnehmbare Gegenstände außerhalb des Bewußtseins bezeichnet werden, sondern auch abstrakte Normen, Werte, Wünsche, Hoffnungen, also Bewußtseinsinhalte, die - im Hinblick auf den Menschen - sein Verhalten im Raum nicht weniger real beeinflussen.

Wirklichkeit (inhaltlich): Natur - Geist - Mensch

Von den drei konstitutiven Elementen der Wirklichkeit (Natur - Geist - Mensch) vereint allein der Mensch konkrete Natur (= Physis) und abstrakten Geist in sich.

Die **Natur** tritt in den zwei Erscheinungsformen der unbelebten und der belebten Natur in den Erdräumen auf.

Als Urbild **unbelebter Natur** - in einer für Geographen interessanten Größenordnung - gilt das (feste) Gestein, der Baustoff der Gebirge und der Erdkruste. Es wäre unangemessen, mit dem Gestein als Urbild unbelebter Natur auch die Vorstellung der Unbeweglichkeit zu verbinden. Dies wird deutlich, wenn man außer an Gestein auch noch an Wasser und Luft als vergleichbare Materialien unbelebter Natur denkt.

Durch den Wasserkreislauf - die Verdunstung über dem Meer, die Wolkenbildung, den Wolkentransport über das Festland, das Abregnen und Zurückfließen des Wassers zum Meer - ist Wasser in ständiger Bewegung in den Erdräumen. Auch das Wasser der Ozeane ist in den Meeresströmungen in dauernder Bewegung.

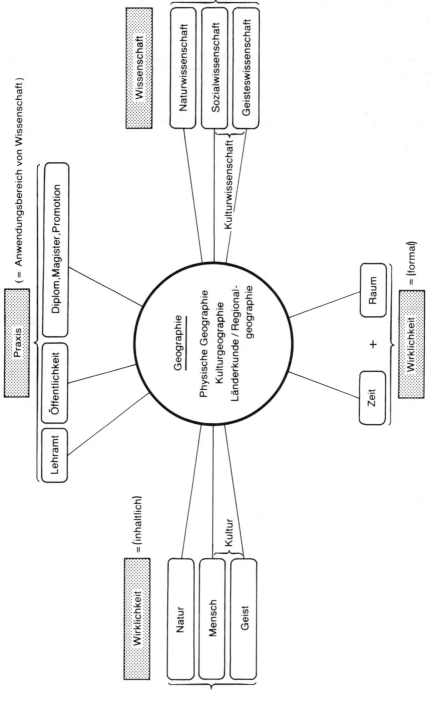

Abb. 1: Die Geographie im Bedingungszusammenhang von Wirklichkeit und Wissenschaft (eigener Entwurf)

Noch beweglicher ist die Luft als Teil der unbelebten Natur, bedingt durch ihren - verglichen mit dem flüssigen Aggregatzustand des Wassers - gasförmigen Charakter. Eingebunden in Windsysteme befindet sich Luft in der atmosphärischen Zirkulation im fast ständigen - großräumigen und kleinräumigen - Ortswechsel.

Rückschauend unterliegt auch das scheinbar so unbewegliche, feste Gestein Bewegungen, wenn auch viel langsameren, verglichen mit Wasser oder Luft: als flüssige Lava mag es aufgedrungen sein; in den Gebirgen ist es durch Druck und Schub herausgehoben worden. Außer den Bewegungen der Materialien Gestein, Wasser und Luft spielen sich innerhalb der unbelebten Natur der Erdräume mit Materialtransporten verbundene Prozesse des Zusammenspiels von Gestein, Wasser und Luft ab. In den herausgehobenen Gebirgen setzt unter dem Einfluß der Atmosphärilien, Luft und Wasser, die Abtragung ein, beginnt die Aufschüttung von Ebenen. Die Beziehungen zwischen Meer und Atmosphäre - die Aufnahme von Wärme durch eine kalte Luftmasse über einem warmen Meer und umgekehrt - sind ebenfalls Beispiele gegenseitiger, prozeßhafter Beeinflussung, die noch vielfältiger Erforschung harren.

Wenn auch in diesem Abschnitt die Charakterisierung des Wirklichkeitsbereiches der unbelebten und belebten Natur im Vordergrund steht, soll doch auf einen prinzipiellen Unterschied zwischen der Geographie und einigen Nachbarwissenschaften hingewiesen werden. Reduziert man solche Materialien wie Gestein, Wasser und Luft auf ihre Bestandteile und chemische Zusammensetzung, also das Gestein auf die Mineralien, das Wasser auf H_2O, die Luft auf Stickstoff und Sauerstoff, so befassen sich damit nicht die Geographen, sondern die Petrographen, Mineralogen und Chemiker. Die unterschiedlichen physikalischen und chemischen Qualitäten von Gestein, Wasser und Luft haben aber ihre Bedeutung für die prozeßhafte, erdräumliche, landschaftliche Gestaltung und sind insofern von den Physischen Geographen zur Kenntnis zu nehmen. Diese Art der Grenzziehung und Grenzüberschreitung zu Nachbarwissenschaften gilt prinzipiell auch für die Kulturgeographie. Damit ist eine wichtige Teilantwort auf die im Vorwort angeschnittene Frage nach den Beziehungen der Geographie zu benachbarten Wissenschaften gegeben.

Die Prozesse und Bewegungsabläufe in der unbelebten Natur, auch die der Himmelskörper - die in der Vergangenheit noch von der Geographie untersucht wurden -, sind - empirisch - der Beobachtung durch Menschen zugänglich. Dabei ist jedoch Vorsicht geboten. Der Sinneseindruck des täglichen Aufgangs und Untergangs der Sonne hatte zu einem geozentrischen Weltbild - die Erde als Mittelpunkt des Weltalls - geführt, das auch geistesgeschichtliche Auswirkungen zeitigte. Erst Messungen und Berechnungen gaben Anlaß zur Kopernikanischen Wende (N. Kopernikus, 1773-1543), zum heliozentrischen, modernen Weltbild, bei dem die Sonne im Zentrum steht und eine Reihe von Himmelskörpern, darunter die Erde, sich um die Sonne bewegen. Diese neue Sichtweise hatte nicht weniger geistesgeschichtliche Auswirkungen.

Mit den Messungen und Berechnungen der Bahnen der Himmelskörper war - prototypisch - eine naturwissenschaftliche Richtung eingeschlagen worden, die auf die exakte, mathematisch formulierte Erfassung von mechanischen Bewegungsabläufen in der unbelebten Natur hinauslief, auf Naturgesetze als generelle All-Sätze mit absoluter Gültigkeit und deshalb prognostischem Aussagewert.

Diese Richtung hat auch bei den naturwissenschaftlich orientierten Physischen Geographen in ihrer Beschäftigung mit der unbelebten Natur so nachhaltig gewirkt, daß sie in der Vielfalt der Prozesse und Bewegungsabläufe in den Erdräumen das Allgemeine suchten und suchen.

Man sollte aber nicht vergessen, daß auch in der unbelebten Natur die Individualität existiert: kein Berg gleicht einem anderen, kein Fluß einem zweiten, keine Luftströmung ist mit einer weiteren identisch. Der Mensch hat die Tatsache der individuellen Phänomene, die es eben auch in der unbelebten Natur gibt, durch die Verwendung von Eigennamen zum Ausdruck gebracht: Ben Nevis, Montblanc oder Mount Everest für Berge; Elbe, Seine oder Mississippi für Flüsse; Schirokko, Mistral oder Bora für Luftströmungen/Winde.

Von der naturwissenschaftlich orientierten Physischen Geographie werden die individuellen Qualitäten der unbelebten Natur negiert.

Pflanzen und Tiere gelten als Urbild **belebter Natur.** Pflanzen und Tiere sind in fast allen Erdräumen verbreitet; es gibt nur wenige Erdräume, in denen sie nicht anzutreffen sind.

Auf die schwierige Frage nach der Grenze zwischen unbelebter und belebter Natur, also die Frage: wo beginnt Leben? kann hier nicht ausführlich eingegangen werden. Zum Leben gehört über das (kausale) Ursache-Wirkungsprinzip hinaus das in der unbelebten Natur herrscht, die Finalität, die Zweckbestimmtheit, zumindest im Sinne der Selbsterhaltung der Lebewesen.

Leben ist mehr als die Summe der Teile, beispielsweise eines Sandhaufens. Zum Leben gehört das Aufeinander-abgestimmt-Sein der Teile eines Ganzen, beispielsweise eines Zellverbandes, wie ihn jede Pflanze und jedes Tier darstellt.

In jeder Pflanze übernehmen Teilverbände, Strukturelemente wie Wurzeln, Stengel, Blätter, Blüten, besondere Funktionen zum Wohle des Ganzen, wie das auch bei jedem Tier durch seine Organe und Körperteile der Fall ist.

Darüberhinaus bestehen nicht nur (komplizierte) Beziehungen innerhalb einer Pflanze oder eines Tieres, sondern auch zwischen der jeweiligen Pflanze oder dem jeweiligen Tier zu seiner Umgebung/Umwelt im weitesten Sinne, so daß grundsätzlich ein doppeltes Wirkungsgefüge, ein inneres und ein äußeres, existiert.

Dabei stellen jede Pflanze und jedes Tier durch ihre Gene bestimmte Ansprüche an ihre Umgebung/Umwelt: die Pflanzen an den Boden, die Sonneneinstrahlung, die Temperatur, die Luftfeuchtigkeit etc., die Tiere an die klimatischen Verhältnisse, die Ernährung etc. Psychische Ansprüche der Pflege des Nachwuchses mögen bei den Tieren noch hinzukommen. Im Zusammenspiel von äußerem und innerem Beziehungsgefüge gedeihen Pflanzen und Tiere oder gehen ein.

Wenn bereits in der unbelebten Natur mit der Fülle wechselseitiger Beeinflussungen des Gesteins, des Wassers und der Luft ein kompliziertes Beziehungsgefüge in den Erdräumen besteht, dann nehmen die inneren und äußeren Beziehungsgefüge der Pflanzen- und Tierreiche schier unvorstellbare Größenordnungen an; bei ihrer naturwissenschaftlichen Erfassung stellt sich eine als Problem der Bewältigung der großen Zahl bezeichnete, grundsätzliche Schwierigkeit ein.

Die über die einfache, lineare, mechanistische Kausalität der unbelebten Natur hinausgehende Finalität im Pflanzen- und Tierreich bringt einen Verhaltensspielraum mit sich. Bei den Pflanzen mag er noch nicht sehr groß sein, aber auch bei ihnen kann man - zumindest im übertragenen Sinne - von Verhalten als Reaktion beispielsweise auf Umwelteinflüsse (saurer Regen → Waldsterben) sprechen.

In höherem Maße trifft dies auf Tiere zu, deren Verhaltensrepertoire schon durch ihre Ortswechselmöglichkeiten eine große Bandbreite aufweist. Im Unterschied zu Pflanzen gesellt sich zumindest bei den höheren Tieren eine Lernfähigkeit, die den Verhaltensspielraum noch erweitert. Damit wird auch das innere und äußere Beziehungsgefüge nochmals komplizierter.

Eine exakte, mechanistische, naturwissenschaftlich-allgesetzliche Erfassung im Sinne mathematisch formulierter Gesetze scheint deshalb weit weniger erreichbar als im Bereich der unbelebten Natur.

Hinzu kommt ein weiteres: das Phänomen der Evolution im Pflanzen- und Tierreich, vom Einzeller bis zu den Primaten. Bringt schon die aktualistische Betrachtung des prozessualen Zusammenspiels innerer und äußerer Beziehungsgefüge der Pflanzen und Tiere - unter Ausschluß des Entwicklungsaspektes - große Schwierigkeiten wissenschaftlicher Erfassung mit sich, so tritt eine weitere Steigerung des Schwierigkeitsgrades durch die notwendige und wünschenswerte Berücksichtigung der kurz- und langfristigen Entwicklung ein, mit der die Entstehung neuer Qualitäten im Laufe der Zeit im Pflanzenreich ebenso wie im Tierreich einherging. Allerdings besteht für die Physische Geographie - was die Einbettung der Evolution des Pflanzen- und Tierreiches in die erdgeschichtliche Entwicklung angeht - eine Grenze zur Nachbarwissenschaft Geologie bzw. Paläontologie, die nur, wenn es um die Rahmenbedingungen aktualistischer Prozesse geht, überschritten zu werden braucht.

Auch für das Pflanzen- und Tierreich läßt sich behaupten: keine Pflanze, kein Tier gleicht dem anderen, soll heißen: auch hier existiert das Phänomen der individuellen Erscheinungen, selbst innerhalb einer Gattung oder Art. Dies kommt wiederum in der Vergabe von Eigennamen, besonders an den Menschen nahestehende Tiere, wie Lisa die Kuh oder Cherie der Pudel, zum Ausdruck.

Die naturwissenschaftlich orientierte Physische Geographie negiert auch in der belebten Natur die individuellen Qualitäten.

Man kann der konkreten, unbelebten und belebten Natur den **Geist** als nicht weniger konstitutives Element der Wirklichkeit - auch der Erdräume - gegenüberstellen.

Es handelt sich um einen vielfältigen, schillernden Begriff, der Assoziationen mit schöpferischem Geist, Volksgeist, Weltgeist, Zeitgeist hervorruft. Bisweilen versteht man unter Geist im engeren Sinne nur die Vernunft, die ratio; im weiteren Sinne gehört auch das Seelische, die emotio, dazu; das Geistige wird zum Geistig-Seelischen. Als etwas Abstraktes bildet Geist den Gegenpol zur konkreten Natur.

Die Vagheit des Begriffes Geist erfordert einige Klärungen. G.W.F. Hegel (1770-1831) unterscheidet: subjektiven Geist - objektiven Geist - absoluten Geist; N. Hartmann (1882-1950) personalen Geist - objektiven Geist - objektivierten Geist (vgl. M. Apel, P. Ludz, S. 102, S. 118 ff).

Diese Differenzierungen lassen sich unter drei Aspekten zusammenfassen: unter subjektivem bzw. personalem Geist verstehen G.F.W. Hegel bzw. N. Hartmann das Vermögen zur Abstraktion, Denk- und Reaktionskraft, Wahrnehmung, Empfindung, Phantasie, Intelligenz des einzelnen, individuellen Menschen. Objektiver Geist ist bei G.W.F. Hegel und N. Hartmann die über eine Person hinausgehende Manifestation von Geist in Sprache, Kunst, Wissenschaft und Technik; hierzu gehören auch solche geistigen Gemeingüter wie geltendes Recht, Werte, Normen, Moral, Erziehung, Bildung, Gesinnung, Geschmack und Mode. G.W.F. Hegel versteht unter absolutem Geist den göttlichen Geist, der hier unberücksichtigt bleiben soll.

Im Hinblick auf die Wirklichkeit der Erdräume spielt der von N. Hartmann so benannte, objektivierte Geist eine besondere Rolle. Darunter wird der konkrete Niederschlag des Geistes, in sprachlichen Kunstwerken, in bildenden Kunstwerken, in Forschungsergebnissen, in Erfindungen und Entwicklungen der Technik und nicht zuletzt in den von menschlichem Geist gestalteten Kulturlandschaften verstanden.

| M. Schwind: Kulturlandschaft als geformter Geist; Libelli, Bd. 110; Darmstadt 1964 (darin: Kulturlandschaft als objektivierter Geist; Vortrag auf dem Deutschen Geographentag in München, 1948) |
| E. Banse: Landschaft und Seele; München, Berlin 1928 |

Große und kleine Erdräume können in sehr unterschiedlicher Weise und auf sehr unterschiedliche Weise vom Geist des Menschen geprägt werden.

Da gab es als große Individualgestalten geistliche Führer, wie die Religionsstifter Buddha, Jesus oder Mohammed, die durch ihre Normsetzungen das Verhalten der Menschen und ihre Kulturlandschaften bis hin zu Bauweisen und Gebäudetypen gestalteten und gestalten. Ebenso gab es auf der politischen Ebene große Individualgestalten, wie Napoleon oder Stalin, von zahlreichen Regionalfürsten abgesehen, die durch ihre Wirtschaftspolitik und Siedlungsverordnungen Regionen und Länder bis hin zu Landnutzungen und Siedlungsformen bestimmten.

Beim Gang der Besiedlung der Erde durch den Menschen wirkte sich kollektiver Geist von staatlichen und privaten Organisationen - in Auseinandersetzung mit den natürlichen Gegebenheiten - auf allen Kontinenten der Alten und Neuen Welt bei der Landnahme in Ebenen, im Gebirge, in den Tropen, den gemäßigten Breiten, im hohen Norden, in Steppen und Wüsten, insbesondere auf die Organisation der Wirtschaft und die Siedlungsformen aus.

Epochaler Zeitgeist, beispielsweise der griechischen und römischen Antike, hat in den zugehörigen Siedlungen, der griechischen polis und der römischen urbs, ihrer Organisation und ihren Formen, konkreten Ausdruck in spezifischen Kulturlandschaften gefunden.

Im Laufe des mit der Wirtschafts- und Gesellschaftsentfaltung der Menschheit verbundenen technischen Fortschritts schlug sich menschlicher Geist in den vielfältigen Formen präindustrieller und industrieller Produktionsstätten sowie Land-, See- und Luftverkehrsverbindungen nieder, deren Urheberschaft kaum noch auf individuelle menschliche Leistungen zurückgeführt werden kann.

Mit dem menschlichen Geist als Gestalter der Erdräume verbindet sich ein nicht weniger kompliziertes Beziehungsgefüge als mit den Bereichen der unbelebten und belebten Natur. So ergibt sich ein Wirkungszusammenhang durch die Auseinandersetzung mit der natürlichen Ausstattung der Erdräume in Abhängigkeit von und in Anpassung an die jeweiligen technischen Möglichkeiten des Menschen. Mit der Entwicklung der Kulturlandschaften beginnt eine Auseinandersetzung mit dem zuvor Geschaffenen, das wiederum überprägt und im Sinne neuer geistiger Entwicklungen umgestaltet wird. Die Vielzahl der Beziehungen, der wechselseitigen Beeinflussungen, potenziert sich nicht nur durch die Fülle der Sachverhalte der unbelebten und belebten Natur und das geistige Potential des Menschen, sondern auch noch durch die große Zahl der menschlichen Individuen und ihren freiheitlichen Verhaltensspielraum.

Die Erdräume werden nicht nur durch den Geist des Menschen geprägt, auch umgekehrt können insbesondere emotionale Seiten des Menschen durch landschaftliche Situationen, etwa bei der Beobachtung eines Sonnenuntergangs am Meer, berührt werden.

Bei den Darlegungen über unbelebte und belebte Natur als konstitutive Elemente der Wirklichkeit der Erdräume wurde die Verknüpfung mit ihrer (natur)wissenschaftlichen Erfassung angedeutet, die darin besteht, daß es das Allgemeine ist, das in der Vielfalt der Erscheinungsformen gesucht wird.

Wenn - parallel dazu - hier gefragt wird, in welcher Weise man sich den Manifestationen des menschlichen Geistes, dem objektivierten Geist, sei es in Kunstwerken, sei es in Kulturlandschaften, wissenschaftlich nähert, dann ist es gerade nicht die Reduktion auf das Allgemeine, die angestrebt wird.

Dies wird in der wissenschaftlichen Beschäftigung besonders mit sprachlichen und bildenden Kunstwerken deutlich, deren geistigen Gehalt auf das Allgemeine zu reduzieren Aussagekraft und Bedeutung - von der individuellen Urheberschaft des Schöpfers ganz abgesehen - schmälert, wenn nicht gar verkennt. Ein Gemälde von Picasso ist danach nicht zu vergleichen mit einem von D.C. Friedrich; J.W. von Goethes Faust unterscheidet sich grundlegend von Fr. Schillers Glocke.

Diese Konzeption hat auch für die Beschäftigung der Geographie mit Kulturlandschaften als objektiviertem Geist zumindest in der ersten Hälfte des 20. Jahrhunderts weithin gegolten. Es war das bekundete Ziel, die vom menschlichen Geist geprägten Erdräume in ihrer vielfältigen Individualität zu erfassen, sie nicht auf das Allgemeine zu reduzieren, um ihrem Wesen als Produkt des menschlichen Geistes keinen Abbruch zu tun. In diesem Sinne waren Paris und London, Moskau und Berlin ebenso wenig vergleichbar wie Frankreich und Großbritannien oder Rußland und Deutschland.

Es bleibt festzuhalten, daß dem Geist als Gegenpol zur Natur in der wissenschaftlichen Auseinandersetzung mit diesen beiden konstitutiven Elementen der Wirklichkeit der Erdräume zwei unterschiedliche Ansätze polarisiert gegenüberstehen: der naturwissenschaftliche Ansatz, der in der Vielzahl der Erscheinungsformen das Allgemeine sucht und der geisteswissenschaftliche Ansatz, der die Individualität der Vielzahl der Erscheinungsformen und ihrer Schöpfer als Eigenwert würdigt. Individuelle Züge und Allgemeines weisen sowohl die Erscheinungsformen der unbelebten und belebten Natur als auch die des subjektiven und objektivierten Geistes auf.

Das weitere konstitutive Element der Wirklichkeit der Erdräume ist der **Mensch**, in dem allein - wie schon vermerkt - Natur und Geist vereint sind; insofern - hinzukommen weitere besondere Eigenschaften - stellt er ein eigenes Strukturelement der Wirklichkeit dar.

Es ist noch nicht lange her, daß der Mensch und seine Verhaltensweisen Eingang in die Geographie, speziell die Kulturgeographie, gefunden und zur Entstehung der Teildisziplin Sozialgeographie Anlaß gegeben haben. In der ersten Hälfte des 20. Jahrhunderts wurde zwar in der Kulturgeographie auf die materielle Kultur des Menschen in den Erdräumen, die Agrikultur, die Industriekultur, die Siedlungen, auch die Bevölkerung nach Dichte und Verteilung eingegangen, der Mensch in seinen Verhaltensweisen aber nicht gesehen, weil man glaubte, die Grenze zu dem Fach Soziologie scharf ziehen zu müssen und es die Aufgabe der Soziologen sei, entsprechende Aspekte zu berücksichtigen. Es war jene Phase, in der man die Landschaft - in ihrer dinglichen Ausgestaltung - als den alleinigen Forschungsgegenstand der Geographie ansah.

Da heute der Mensch und seine Verhaltensweisen in den Erdräumen in der Kulturgeographie gewürdigt werden, gilt es, nach seinen Grundgegebenheiten zu fragen, die seine Entscheidungen - und damit seine Verhaltensweisen - bedingen.

Der Mensch ist ein überaus vielschichtiges Wesen. Mit seinen grundsätzlichen Qualitäten - im Gegensatz zum Tier - befassen sich die Anthropologen, mit seinen Erscheinungsformen auf frühen Kulturstufen die Ethnologen. Mit seinen Sitten und Gebräuchen, vor allem im Rahmen der Agrargesellschaft, setzen sich die Volkskundler, mit der politischen Organisation die Politologen auseinander. Mit den wirtschaftlichen Bedingungen und Gegebenheiten des Menschen befassen sich die Wirtschaftswissenschaftler, mit den zwischenmenschlichen Beziehungen die Soziologen. Die biologischen Grundphänome Geburt, Tod, Alter und Geschlecht betrachten die Demographen. Dem Menschen als geistigem Wesen, seinen sprachlichen und gedanklichen Äußerungen, wenden sich die Linguisten, Literaturwissenschaftler und Philosophen zu. Mit dem Menschen als biologischem Wesen befassen sich die Mediziner.

Zwei Sichtweisen stehen sich bei der wissenschaftlichen Auseinandersetzung mit dem Menschen gegenüber, die letztlich mit seinen Grundeigenschaften als ein Wesen, das Natur und Geist in sich vereint, zusammenhängen: die naturwissenschaftliche Richtung, wie sie besonders in der Medizin praktiziert wird, die von den individuellen Ausprägungen des Menschen absieht und im Funktionieren seiner Organe das Allgemeine zu erkennen strebt; und die interpretativ-verstehende, hermeneutische Richtung, wie sie besonders in den Philologien praktiziert wird, die gerade die individuellen Ausprägungen des Menschen berücksichtigt.

Wenn es darum geht, jene Grundgegebenheiten des Menschen herauszustellen, die für seine Verhaltensweisen von Bedeutung sind, dann lassen sie sich in etwa zehn Punkten zusammenfassen.

1. Der Mensch ist ein sprachbegabtes Wesen. Sprache im weitesten Sinne, verbale und nicht-verbale Sprache, kommunikative und signifikante Sprache (T.W. Adorno) ist Zeichen. Die Natur ist sprachlos; Sprache ist die Grundlage der Verständigung unter den Menschen. Als Zeichen kann Sprache konkrete Gegenstände außerhalb des Bewußtseins abbilden. Wenn es sich dabei um einfache Sachverhalte handelt, dürfte das Sprachzeichen noch weitgehend dem abgebildeten Gegenstand entsprechen. Aber schon bei komplizierten Sachverhalten, komplexen "Gegenständen" außerhalb des Bewußtseins, muß mit kleineren, oft aber auch größeren Unschärfen der Abbildung gerechnet werden. Das erschwert die Verständigung - auch auf der wissenschaftlichen Ebene.

Noch viel schwieriger wird es, wenn es darum geht, Bewußtseinsinhalte abzubilden, also sprachlich auszudrücken, durch Sprache nach Außen zu wenden. Denkvermögen, Emotionalität, Ausbildungsstand, Sprachvermögen spielen dabei eine Rolle und erschweren bedeutsam jede Kommunikation. Dessen sollte man immer eingedenk sein, wenn - im sozialwissenschaftlichen Zusammenhang - auf die durch Befragung ermittelten Aussagen mathematisch-statistische Analyseverfahren angewendet werden, die eine naturwissenschaftliche, sachlich aber unangemessene Exaktheit vorspiegeln.

2. Der Mensch hat ein Bewußtsein. Darunter ist (nach M. Apel, P. Ludz, S. 48) der Gesamtinhalt der unmittelbaren Erfahrung, Fühlen, Wollen, Vorstellen, Denken, Erinnern - Normen, Leitbilder, Wertvorstellungen eingeschlossen - zu verstehen. Zum Bewußtsein gehört die Zusammenfassung der Vorstellungen zu einer Einheit ebenso wie die Vorstellung konkreter Gegenstände außerhalb des Bewußtseins. Hier stellen sich Berührungen mit dem ein, was zuvor als personaler und subjektiver Geist - im Sinne von G.W.F. Hegel und N. Hartmann - bezeichnet worden ist.

Für die Verhaltensweisen des Menschen ist es wichtig, daß - wenn man einmal von reflexiven Reaktionen absieht, die der Mensch mit dem Tier teilt - das Bewußtsein bei der Entscheidungsfindung, besonders wenn es um bedeutsame Entscheidungen geht, konsultiert wird.

3. Der Mensch ist ein vernunftbegabtes Wesen. Wenn man unter Verstand (nach H. Schmidt, G. Schischkoff: Philosophisches Wörterbuch; 20. Auflage Stuttgart 1978, S. 704, S. 705) die geistige Tätigkeit versteht, die Begriffe bildet, urteilt, schließt, also den Intellekt des Menschen, dann ist Vernunft die geistige Fähigkeit des Menschen, die über die diskursive Erkenntnis des Verstandes hinaus auf Werterkenntnis, auf den übergreifenden Zusammenhang und die zweckvolle Betätigung im Sinne eines Rationalismus, gerichtet ist.

Sicherlich wird bei der Entscheidungsfindung, die sich in Verhaltensweisen niederschlägt, die Vernunft zu Rate gezogen; es sei aber gleich vermerkt, daß dies nicht immer und unbedingt zu einer nur zweckrationalen Entscheidung, im Sinne beispielsweise eines homo-oeconomicus-Verhaltens führt. Andere Qualitäten des Menschen spielen hinein.

4. Der Mensch ist ein emotionales Wesen. Neben der Fähigkeit zum Denken hat der Mensch die Fähigkeit zum Fühlen. Seine Gefühle (Lust, Unlust, Liebe, Haß etc.) sind Teil der seelisch-geistigen Konstitution des Menschen. Sie beeinflussen nicht unwesentlich seine - eben nicht nur rationalen - Entscheidungen. Selbst bei einer so einfachen und zweckrationalen Verhaltensweise wie dem Einkaufen, kann die Entscheidung, wohin man geht, wie oft man einkauft und was man erwerben will, in hohem Maße durch Gefühle bestimmt sein. Die tatsächliche Verhaltensweise eines - auch räumlich - bestimmten Einkaufs steht insofern vielen Interpretationsmöglichkeiten offen, die auch durch Befragung - man denke an die mit dem sprachlichen Ausdruck verbundenen Abbildungsschwierigkeiten - nicht immer eindeutig festzulegen sind.

5. Der Mensch hat einen - mehr oder weniger - freien Willen. Neben Denken und Fühlen wird das Wollen als weiterer geistig-seelischer Bereich des Menschen angesehen, der ebenfalls seine Entscheidungen und damit Verhaltensweisen beeinflußt.

Es soll hier nicht die mögliche Unterscheidung des Wollens auf einem niedrigen, gleichsam animalischen Niveau der Triebe und Begierden, und einem höheren Niveau des "edlen" Willens verfolgt werden.

Wichtig ist, daß das Wollen des Menschen zwar zahlreichen Sachzwängen, moralischen, ökonomischen, sozialen und kulturellen, unterliegt, dennoch aber von einem freien Willen des Menschen insofern gesprochen werden kann, als der Mensch das einzige Wesen ist, "das aus freien Stücken gegen seine eigenen Interessen handeln, sogar sich selbst vernichten kann" (H. Schmidt, G. Schischkoff, S. 731).

Auf alle Fälle gehört zum Willen des Menschen ein außerordentlich großer Entscheidungsspielraum, der die wissenschaftliche Beschäftigung mit seinen Verhaltensweisen - entsprechend - außerordentlich erschwert.

6. Der Mensch ist ein territorial eingebundenes Wesen.

I.-M. Greverus: Der territoriale Mensch. Ein literatur-anthropologischer Versuch zum Heimatphänomen; Frankfurt am Main 1972

I.-M. Greverus: Auf der Suche nach Heimat; München 1979

G. Dürrenberger: Menschliche Territorien - Geographische Aspekte der biologischen und kulturellen Evolution; Zürcher Geographische Schriften, Heft 33, Zürich 1989

Sehr wahrscheinlich stammt die territoriale Einbindung des Menschen von seiner Herkunft aus dem Tierreich ab, in dem ja viele Tiere auf sehr unterschiedliche Weisen ihre Lebensräume markieren und abgrenzen.

Die Bindung an den Raum, insbesondere an den Raum, in dem man aufgewachsen ist, wird beim Menschen ins Emotionale transponiert. Nach I.M. Greverus ist Heimat bzw. Heimatgefühl die emotionale Raumbindung; um den Assoziationsballast des Begriffes Heimat zu vermeiden, spricht I.M. Greverus von Territorialität.

Die Raumbindung des Menschen - für das Fach Geographie und insbesondere die Kulturgeographie überaus bedeutsam - kann als anthropologische Grundqualität des Menschen angesehen werden.

7. Der Mensch hat Bedürfnisse.

A.H. Maslow: Motivation and Personality; 2. Auflage New York, Evanston, London 1970

K.H. Delhees: Motivation und Verhalten; München 1975

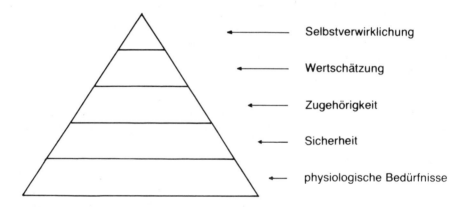

Abb. 2: Hierarchie der menschlichen Bedürfnisse nach A.H. Maslow

Die verschiedenen Grundbedürfnisse des Menschen, die A.H. Maslow nennt, Selbstverwirklichung, Wertschätzung, Zugehörigkeit, Sicherheit und die physiologischen Bedürfnisse, lassen offenbar eine Rangordnung erkennen, die den materiellen, physiologischen Bedürfnissen einen relativ geringen Wert zuordnet, während die geistig-seelischen Bedürfnisse sehr viel höher eingeschätzt werden.

Zieht man die Liste der Bedürfnisse nach K.H. Delhees hinzu, Sicherheitsbedürfnis, Zugehörens- und Liebesbedürfnis, Selbstschätzungsbedürfnis, Bedürfnis nach Selbstverwirklichung, Bedürfnis nach Umweltverständnis, Bedürfnis nach Zerstreuung, dann ist weitgehende Übereinstimmung mit A.H. Maslow festzustellen, wenn auch die Rangordnung nicht voll übereinstimmt.

Für das Fach Geographie - und zwar nicht nur die Kulturgeographie, sondern auch für die Physische Geographie und die Länderkunde/Regionalgeographie - ist sehr bedeutsam, daß ein Bedürfnis nach Umweltverständnis von K.H. Delhees offenbar als Grundbedürfnis des Menschen aufgeführt wird. Hier mögen sich Berührungen mit dem Menschen als territoriales Wesen ergeben, aber ein Umwelt- und Weltverständis geht darüber hinaus. In diesem Zusammenhang dürfte gerade die Länderkunde/Regionalgeographie einem anthropologischen Grundbedürfnis des Menschen entgegenkommen, ihm dienen.

8. Der Mensch ist ein ethisches Wesen. Gerade in der für das Verhalten so wichtigen Frage: was soll ich tun? läßt sich der Mensch von Normen und Werten leiten. Selbst in ihrer Negierung setzt er sich mit ihnen auseinander.

Dabei können die Normen, Werte und Leitbilder im einzelnen einen sehr unterschiedlichen Charakter aufweisen. Es kann sich um, auf hohem Niveau angesiedelte, moralische Vorstellungen handeln, die umgesetzt werden. Es kann sich aber auch um weltlich-profane Nachahmungen dessen handeln, was andere tun, z.B. beim Erwerb jener Güter, die auch der Nachbar besitzt.

Angesichts der Reservierung des Begriffes Ethik auf den Zusammenhang hoher moralischer Ansprüche, der weiten Verbreitung einer pragmatisch-praktischen Einstellung der Menschen und der Rolle, die die Werbung bei vielen Angehörigen der Industriegesellschaft spielt, sollte man vielleicht statt von einem ethischen Verhalten besser von einer Orientierung des Menschen an Leitbildern sprechen.

9. Der Mensch ist ein soziales Wesen. Menschen treten selten allein auf; die Robinson-Situation ist eine Ausnahme, und selbst Robinson fand auf der einsamen Insel seinen Freitag: die soziale Grundsituation, die Beziehung zu anderen Menschen, entstand.

Zur Lebensweise des Menschen gehört seine Organisation in kleinen oder größeren Gruppen. In der Regel wird der Mensch in eine Familie, die kleinste soziale Gruppe, hineingeboren. Im Laufe seines Lebens gehört der Mensch unterschiedlichsten sozialen Gruppen an, sei es in der Schule, wo Gruppen nach Alter und Schularten bestehen, im Beruf, wo Gruppenzugehörigkeit nach der Stellung im Betrieb, als Arbeitnehmer oder Unternehmer, nach Ausbildungsstand und Einkommensverhältnissen zustandekommt, in der Gesellschaft, wo Gruppenzugehörigkeit nach sozialer Rangordnung oder politischer Einstellung anzutreffen ist.

Heterogen oder homogen zusammengesetzte Gruppen sind durch übereinstimmende Merkmale oder gleiche Interessenlage gekennzeichnet.

Es wurde zuvor herausgestellt, daß der Mensch als Individuum, beispielsweise als geistlicher oder politischer Führer, die Wirklichkeit der Erdräume nachhaltig zu prägen vermag. Was die geistigen Werke des Menschen, den objektivierten Geist, angeht, seien es sprachliche und bildende Kunstwerke oder Kulturlandschaften, so war und ist mit ihrer (geistes-)wissenschaftlichen Erfassung das Streben nach Würdigung ihrer individuellen Züge, ihrer Individualität, verbunden.

Von der Existenz der Vielzahl der Menschen, besonders ihren so vielfältigen individuellen Ausprägungen und ihrem anthropologisch bedingten Entscheidungsspielraum her könnte man glauben, daß die wissenschaftliche Auseinandersetzung mit dem Menschen auf der sozialen Ebene allein in Richtung auf die Würdigung seiner Individualitäten hinauslaufen müßte.

Das Auftreten des Menschen in kleinen und großen Gruppen läßt aber - selbst bei wechselnden Interessenlagen - durch die Existenz übereinstimmender Verhaltensweisen wenn schon nicht naturgesetzliche, generelle All-Sätze, so aber doch allgemeine Regelhaftigkeiten menschlichen Verhaltens - nach Gruppen oder Tätigkeiten differenziert - erkennen.

Für die sozialwissenschaftliche Beschäftigung mit dem Menschen ist damit - jenseits des naturwissenschaftlichen, nach generellen All-Sätzen suchenden Ansatzes und jenseits des geisteswissenschaftlichen, den Individualitäten nachspürenden Ansatzes - ein weiterer Weg, eben der der Erfassung von Regelhaftigkeiten, gewiesen, der den Grundgegebenheiten des Menschen als konstitutives Element der Wirklichkeit der Erdräume angemessen ist.

10. Grundverhaltensweisen des Menschen.

J. Maier, R. Paesler, K. Ruppert, F. Schaffer: Sozialgeographie (Das Geographische Seminar); Braunschweig 1977

T. Parsons: Gesellschaften (Suhrkamp Taschenbuch Wissenschaft 106); Frankfurt am Main 1975 (englisch: Societies; Englewood Cliffs, N.J. 1966)

Schon bei Tieren lassen sich gewisse, vielleicht mit denen des Menschen vergleichbare Verhaltensweisen erkennen, die von den Ethologen untersucht werden. K. Lorenz und I. Eibl-Eibesfeldt zählen zu den bekanntesten Vertretern. Aber hier sollen keine Verknüpfungen zwischen dem Tierverhalten und einigen Grundverhaltensweisen des Menschen hergestellt werden.

Wenn wir mit der Soziologie den Menschen als handelndes Wesen begreifen, dann rücken seine Verhaltensweisen in den Mittelpunkt des Interesses. T. Parsons bevorzugt den "Terminus Handeln gegenüber dem Wort Verhalten", um damit zum Ausdruck zu bringen, daß ihn nicht in erster Linie "die physischen Vorgänge des Verhaltens" interessieren (S. 14), die aber gerade im räumlichen Kontext, in ihren Auswirkungen auf die Gestaltung der Erdräume - und damit für die Kulturgeographie -, wichtig sind. (T. Parsons interessieren mehr die Mechanismen und Prozesse, die zu dem physischen Verhalten führen.)

Nach D. Partzsch (bei J. Maier, R. Paesler, K. Ruppert, F. Schaffer, S. 18) lassen sich folgende Grundverhaltensweisen des Menschen, auch Grunddaseinsfunktionen oder Daseinsgrundfunktionen genannt, unterscheiden:

- Wohnen
- Arbeiten
- Sich-Versorgen
- Sich-Bilden

- Sich-Erholen
- Verkehrsteilnahme
- In Gemeinschaft leben.

Dabei ist vor allem an moderne, also an Industriegesellschaften, gedacht.

Mit allen Verhaltensweisen verbinden sich Standorte und Reichweiten der Träger der genannten Verhaltensweisen. Diese Träger sind mehr oder weniger mobil im Erdraum. Die Standorte können mehr oder weniger lange unverändert beibehalten, aber auch kurzfristig verändert werden. Wohnen und Arbeiten vollzieht sich meist über längere Zeit an unveränderten Standorten; Sich-Versorgen und Sich-Erholen verbindet sich mit häufigem Ortswechsel; daraus, sowie aus der täglichen Verbindung von Wohn- und Arbeitsstätte (in der Industriegesellschaft), resultiert Verkehrsteilnahme.

Die vorangegangene Beschreibung der Wirklichkeit der Erdräume erfolgte mit dem Ziel, durch ihre unterschiedlichen konstitutiven Elemente - kurz Natur, Geist und Mensch benannt - die sehr unterschiedlichen Qualitäten der Wirklichkeit der Erdräume, mit denen sich die Geographie beschäftigt, zu verdeutlichen.

Aber es waren nicht nur die unterschiedlichen Qualitäten der Wirklichkeit der Erdräume um ihrer selbst willen, die pointiert werden sollten, vielmehr ging es ebenso darum, deutlich zu machen, daß diese unterschiedlichen Qualitäten von Wirklichkeit auch unterschiedliche Qualitäten von Wissenschaft nach sich ziehen:

die wissenschaftliche Beschäftigung mit der unbelebten und belebten Natur der Erdräume verbindet sich mit dem naturwissenschaftlichen Ansatz, der in der Vielzahl der Erscheinungsformen nach den ihnen innewohnenden Gemeinsamkeiten, dem Allgemeinen, sucht;

die wissenschaftliche Beschäftigung mit dem geistigen Wirken des Menschen, auch dem in den Kulturlandschaften objektivierten Geist, verbindet sich mit dem geisteswissenschaftlichen Ansatz, der in der Vielzahl der Erscheinungsform ihren Selbstwert erkennt und sie hermeneutisch-interpretativ zu verstehen sucht;

die wissenschaftliche Beschäftigung mit dem Menschen und seinen Verhaltensweisen im Erdraum verbindet sich mit dem sozialwissenschaftlichen Ansatz, der in seinem Bemühen um die Regelhaftigkeiten des Verhaltens menschlicher Gruppen eine quasi-naturwissenschaftliche Vorgehensweise und eine geisteswissenschaftlich-hermeneutische Vorgehensweise erlaubt, die in der Interpretation der Verhaltensweisen besteht.

Wissenschaft: Natur-, Geistes-, Sozialwissenschaft

Die vorangegangenen Ausführungen haben es bereits deutlich werden lassen. Es soll hier nicht um die Kennzeichnung von Wissenschaft generell gehen, schon gar nicht in dem Sinne, daß heute die Naturwissenschaften als **die** Wissenschaft anzusehen sind.

| W. Theimer: Was ist Wissenschaft? Praktische Wissenschaftslehre (UTB 1352); Tübingen 1985 |

Vielmehr wird der Standpunkt vertreten, daß die Wirklichkeit der Erdräume so unterschiedliche Qualitäten - kurz Natur, Geist, Mensch - aufzuweisen hat, daß dieser Tatsache unterschiedliche Qualitäten von Wissenschaft Rechnung tragen: die Natur-, die Geistes- und die Sozialwissenschaften.

Traditionell, wissenschaftsgeschichtlich, werden nicht drei, sondern zwei Wissenschaftsgruppen unterschieden und gegenübergestellt, die durch zwei Zitate gekennzeichnet werden sollen.

"Der Naturwissenschaftler sagt: Ich untersuche einen wohldefinierten Gegenstandsbereich mit ebenso wohldefinierten Begriffen und Methoden. Die Ergebnisse meiner Untersuchungen, nämlich Naturgesetze und Erklärungen für Naturvorgänge und Experimente, sind objektiv in dem Sinne, daß sie intersubjektiv überprüfbar sind. ... In den Geisteswissenschaften hingegen arbeitet man mit unscharfen Begriffen und umstrittenen Methoden, wodurch man zu Aussagen von nur subjektiver Geltung kommt, die auf Meinungen beruhen und nicht intersubjektiv überprüfbar sind.

Der Geisteswissenschaftler sagt: Der Naturwissenschaftler untersucht Gegenstände, die er vorfindet, und zwar nur insoweit, als er sie begrifflich exakt fassen kann. Seine Aussagen sind zwar objektiv, aber belanglos, da sie nur etwas betreffen, das immer so war und immer so sein wird. Im existentiellen Sinne sind sie ohne Bedeutung oder gar negativ zu werten, da sie den Menschen von sich selbst entfremden. Zu sich selbst kommt der Mensch (auch) durch die Beschäftigung mit den Geisteswissenschaften, weil er dort etwas untersucht, was Menschen geschaffen haben. Da es um den Sinn des Geschaffenen und des Schaffens geht, den man nicht erklären, sondern nur auslegen, verstehen kann, darf man keine übereinstimmenden Aussagen erwarten. Geistiges Leben ist gerade immer neue Aneignung und Auslegung von Geistigem." (aus Arbeitsmaterialien Deutsch, Formen fachspezifischer Prosa I, Physik, Chemie, Biologie/Physiologie, Mathematik; Begleitheft; Stuttgart 1974, S. 9).

Carl Friedrich von Weizsäcker (geb. 1912) über Natur- und Geisteswissenschaft (aus Texte zur Philosophie der Wissenschaften; Textband; München 1976, S. 13/14):

"Der tiefste Riß, der heute durch den Bau der Wissenschaften geht, ist die Spaltung zwischen Natur- und Geisteswissenschaften. Die Naturwissenschaft erforscht mit den Mitteln des instrumentalen Denkens die materielle Welt um uns. Die Geisteswissenschaft erforscht den Menschen und nimmt ihn dabei als das, als was er sich selbst kennt: als Seele, Bewußtsein, Geist. Die Trennung ist weniger eine Trennung der Gebiete - diese überschneiden sich zum Teil - als eine Trennung der Denkweise und Methoden. Die Naturwissenschaft beruht auf der scharfen Scheidung des erkennenden Subjekts vom erkannten Objekt. Der Geisteswissenschaft ist die schwierigere Aufgabe gestellt, auch das Subjekt in seiner Subjektivität zum Objekt ihrer Erkenntnis zu machen. Viele Versuche des Gesprächs zeigen, daß die beiden Denkweisen einander nur selten verstehen. Es scheint mir aber, daß hinter dem gegenseitigen Mißverständnis ein objektiver Zusammenhang beider Wissenschaftsgruppen als Möglichkeit bereitliegt, der darauf wartet, gesehen und vielleicht verwirklicht zu werden. Ich möchte ihn durch ein Gleichnis andeuten. Natur- und Geisteswissenschaft erscheinen mir als zwei Halbkreise. Man müßte sie so aneinanderfügen, daß sie einen Vollkreis ergeben, und man müßte diesen Kreis dann mehrfach ganz durchlaufen. Damit ist folgendes gemeint: Auf der einen Seite ist auch der Mensch ein Naturwesen. Die Natur ist älter als der Mensch. Er ist aus der Natur hervorgegangen und untersteht ihren Gesetzen. Eine ganze Fakultät unserer Universität - die medizinische - ist erfolgreich damit beschäftigt, den Menschen als Naturwesen mit naturwissenschaftlichen Methoden zu untersuchen. In diesem Sinne ist die Naturwissenschaft eine Voraussetzung der Geisteswissenschaft.

Auf der anderen Seite wird auch die Naturwissenschaft von Menschen für Menschen gemacht und untersteht den Bedingungen aller geistigen und materiellen Produktionen des Menschen. Der Mensch ist älter als die Naturwissenschaft. Die Natur war nötig, damit es Menschen geben konnte; der Mensch war nötig, damit es Begriffe von der Natur geben konnte. Es ist möglich und notwendig, die Naturwissenschaft als ein Teil des menschlichen Geisteslebens zu verstehen. In diesem Sinne ist die Geisteswissenschaft eine Voraussetzung der Naturwissenschaft."

Die Unterscheidung von Natur- und Geisteswissenschaften als zwei gegensätzliche Wissenschaftsbereiche geht zurück auf den Philosophen W. Windelband (1848-1915), der die Unterschiede auf das Begriffsgegensatzpaar:

nomothetisch-idiographisch

reduzierte. Mit "nomothetisch" (nomologisch) wollte er den gesetzesuchenden Charakter der Naturwissenschaften, mit "idiographisch" den individualisierenden Charakter der Geisteswissenschaften zum Ausdruck bringen.

Er und andere frühe Wissenschaftstheoretiker wie H. Rickert (1863-1936) und W. Dilthey (1833-1911) zählten zur Geisteswissenschaft auch die Geschichtswissenschaft, weil es in der Geschichte um große individuelle Gestalten und Ereignisse geht - eine Auffassung, die auch von Historikern - z.B. L. von Ranke (1795-1886): "jede Epoche ist unmittelbar zu Gott" - geteilt wurde. In diesem Sinne stellte W. Windelband der Naturwissenschaft als Gesetzeswissenschaft die Geschichte als Ereigniswissenschaft gegenüber.

In der ersten Hälfte des 20. Jahrhunderts gehörte die Geographie, vor allem durch ihre länderkundliche/regionalgeographische Teildisziplin, der idiographischen Richtung an, wurde also als Geisteswissenschaft angesehen.

Selbst in der Zwischenkriegszeit, als verschiedene Strömungen innerhalb der Länderkunde um eine Verbesserung der Darstellungsmethode rangen, propagierte H. Lautensach im Handbuch der geographischen Wissenschaft von 1933, daß die Länderkunde das Kerngebiet der Geographie darstelle, und daß sie die Wissenschaft vom individuellen Charakter der Land- und Meeresräume sei (S. 8).

H. Lautensach: Wesen und Methoden der geographischen Wissenschaft; Darmstadt 1967 (Nachdruck von: Handbuch der geographischen Wissenschaft, 1. Band, Potsdam 1933, S. 23-56)

"Aufgabe der Länderkunde ist es, die Länder der Erde als Individuum, d.h. als einmalig vorkommende Gebilde der Erdhülle zu fassen" (H. Lautensach, S. 25).

Es soll nicht unvermerkt bleiben, daß andere führende Geographen der ersten Hälfte des 20. Jahrhunderts, wie A. Hettner, die Geographie als "idiographisch und nomothetisch zugleich" ansahen (S. 224).

A. Hettner: Die Geographie. Ihre Geschichte, ihr Wesen und ihre Methoden; Breslau 1927.

Naturwissenschaft. Es wurde ausgeführt, daß sich Natur in den zwei Erscheinungsformen der unbelebten und der belebten Natur darbietet. Mit der wissenschaftlichen Erfassung unbelebter Natur verbindet sich traditionell die klassische Vorstellung von Naturwissenschaft, wie sie in der Physik als Prototyp auf dem Teilgebiet der Mechanik entwickelt worden ist.

Diese Vorstellung ist von der vorwissenschaftlichen Erfahrungsebene her, der Physikstunde in der Schule, bekannt, wenn beispielsweise die Beziehungen zwischen einer rollenden Kugel und einer unterschiedlich geneigten Ebene - im Experiment - untersucht werden.

Dabei wird gemessen: die Länge des zurückgelegten Weges, die verschiedenen Neigungswinkel der schiefen Ebene, die unterschiedlichen Geschwindigkeiten der rollenden Kugel an verschiedenen Stellen. Die Quantifizierung des Sachverhaltes rollende Kugel bringt exakte - intersubjektiv überprüfbare - Ergebnisse. Es lassen sich Beziehungen zwischen Bahnneigung und Geschwindigkeit der Kugel mathematisch, in Form von Wenn-Dann-Sätzen formulieren: Wenn die Bahnneigung so und so viel Grad beträgt, dann rollt die Kugel nach kurzer Zeit/Wegstrecke so und so schnell. Das auf diese Weise gefundene Gesetz ist ein genereller All-Satz, d.h. es hat absolute Gültigkeit: es gilt am Pol ebenso wie am Äquator, es galt in der Vergangenheit so wie es heute gilt und - auch die prognostische Aussage gehört dazu - es wird auch in Zukunft Gültigkeit haben.

Gegenüber der exakten Beschreibung des Phänomens bleibt seine Erklärung auf der allgemeinen Ebene der Ursächlichkeit der Erdanziehungskraft stecken. Eine finale Erklärung, d.h. wozu und warum das Phänomen derart erscheint, wird nicht angestrebt.

Die Erfassung der Naturphänomene in Gesetzen, auf deren Anwendung ja ein großer Teil des technischen Fortschritts der Industriegesellschaften beruht, hat nachhaltigen Eindruck auch auf andere Wissenschaften gemacht und nicht zuletzt zu der verbreiteten Ansicht geführt, daß Naturwissenschaft die Wissenschaft schlechthin sei.

In dem Maße aber, wie man in der Physik aus dem Bereich mittlerer und höherer Größenordnungen in den Mikrobereich der Atomphysik vorstieß, wurde man in den 20er Jahren mit dem Phänomen der Unschärferelation durch W. Heisenberg konfrontiert (Ort und Geschwindigkeit eines subatomaren Teilchens sind nicht gleichzeitig genau meßbar). Mehr und mehr erkannte die moderne Physik, daß auch in den mittleren und höheren Größenordnungen, z.B. bei Wolkenwirbeln oder Sternnebeln, nicht nur Ordnung, sondern auch Chaos in der unbelebten Natur besteht, das nicht genau meßbar ist, dessen Verhalten, sein Umschlag in eine neue Qualität, die Ordnung werden kann, nicht genau vorhersagbar ist. Neben die Ermittlung deterministischer Gesetze der (klassischen) Physik, die zu einem - auch in die Geisteswissenschaften hineinwirkenden - mechanistischen Weltbild geführt hat, tritt heute im Rahmen naturwissenschaftlicher Beschäftigung mit der unbelebten Natur die Untersuchung des komplexen Verhaltens dynamischer Systeme unterschiedlicher Größenordnung - ein Vorgehen, das an die Grenzen der Berechenbarkeit und Vorhersagbarkeit stößt. Das klassische Weltbild der Physik als Prototyp der Naturwissenschaften wird erweitert und ergänzt.

Physische Geographie ordnet sich in die moderne Sicht der unbelebten Natur ein; der unbelebte Erdraum wird als dynamisches System gesehen, in dem es zum komplexen, komplizierten Zusammenspiel von Gestein, Wasser und Luft kommt. In kleineren Ausschnitten der unbelebten Erdräume, zum Beispiel an der Küste, wenn durch Wellenschlag Material abtransportiert wird, oder bei der Erosion und Akkumulation eines Flusses, ist die Erfassung solcher Phänomene im Sinne traditioneller, strenger Naturgesetzlichkeit möglich. Wenn es sich um den über Teilphänomene hinausgehenden größeren Zusammenhang der Landschaftsentstehung, -entwicklung, des Landschaftshaushaltes, handelt, sieht sich heute auch die Physische Geographie zur Beschäftigung mit dem Beziehungsgefüge komplizierter dynamischer Systeme, ihrem komplexen Verhalten - mit allen Folgen begrenzter Berechenbarkeit - genötigt.

Neben der unbelebten ist die belebte Natur die andere konstitutive Erscheinungsform. Bei den Pflanzen und Tieren wurden schon im Rahmen der Beschreibung der Wirklichkeit komplizierte Beziehungsgefüge konstatiert, und zwar ein inneres, der Teile/Organe/Glieder der Pflanzen bzw. Tiere untereinander, und ein äußeres, der Pflanzen und Tiere mit ihrer Umwelt/Umgebung; beide Beziehungsgefüge wirken zusammen.

In Teilbereichen der belebten Natur - sowohl bei den Pflanzen als auch bei den Tieren - sind naturwissenschaftliche Gesetze klassischer Prägung aufgestellt worden; G. Mendel (1822-1884) ermittelte, daß bei der Kreuzung von Pflanzen zwar verschiedene Ergebnisse, aber immer wieder ganz bestimmte entstehen, und formulierte seine Erbgesetze (Uniformitäts- oder Reziprozitätsgesetz, Spaltungsgesetz, Unabhängigkeitsgesetz).

Für die Existenz von Pflanzen und Tieren sind ihre Beziehungen zur Umgebung und das physiologische Zusammenspiel ihrer Strukturelemente von wesentlicher Bedeutung.

W. Larcher: Ökologie der Pflanzen (UTB 232); 4. Auflage Stuttgart 1984

O. Willmanns: Ökologische Pflanzensoziologie (UTB 269); 3. Auflage Heidelberg 1984

Dabei geht es, beispielsweise bei den Pflanzen, um den Wasserhaushalt, die Wasseraufnahmen aus dem Boden oder der Luft, die Wasserabgabe (Verdunstung), den Wasserverbrauch; um den Mineralstoffhaushalt - die verschiedenen Minerale müssen aus dem Boden aufgenommen werden; um den Stickstoffhaushalt, die Stickstoffaufnahme, -assimilation und -verteilung; um den Kohlenstoffhaushalt, die Photosynthese und Gaswechselbilanz; um den Energiehaushalt, die Bedeutung der Strahlung, Wärme etc.

Wiederum handelt es sich um das komplexe Verhalten dynamischer Systeme, die nur begrenzt im Experiment - d.h. unter Isolierung einiger Einflußfaktoren und Konstanthaltung anderer - untersucht werden können und deren zukünftiges Verhalten ebenfalls nur begrenzt vorausgesagt werden kann.

Zur wissenschaftlichen Beschäftigung mit der belebten Natur gehört die Frage nach der Finalität des Zusammenspiels der Strukturelemente; damit erhält die Erklärungsebene eine größere Bedeutung.

Angesichts der Rolle der Finalität bei Pflanzen und Tieren überrascht es nicht, daß ein Biologe, L. von Bertalanffy, wesentlich dazu beigetragen hat, daß die Untersuchung von Beziehungsgefügen systematisch verfolgt wird.

L. von Bertalanffy: General System Theory. Foundations, Development, Applications; New York 1968

Das Konzept der Untersuchung von (dynamischen) Systemen, allgemeine Systemtheorie genannt, ist über den Sachbereich der belebten Natur hinaus zu einer Orientierungsmarke auch für die Untersuchung der unbelebten Natur und sogar gesellschaftlicher Zusammenhänge geworden.

Wenn auch bei der Anwendung allgemeiner Systemtheorie auf die unbelebte und belebte Natur der Erdräume große Schwierigkeiten bestehen - nicht nur wegen der großen Zahl der Phänomene, sondern auch hinsichtlich ihrer wünschenswerten Quantifizierung -, so ist doch der Physischen Geographie für die naturwissenschaftlich orientierte Beschäftigung mit der unbelebten und belebten Natur ein hohes Ziel gesetzt. Klassiker der Geographie der ersten Hälfte des 20. Jahrhunderts wußten um "die verwickelte Wechselwirkung, die nun einmal in der Natur besteht" (A. Hettner, 1932), sie kannten nur noch nicht eine angemessene methodische Vorgehensweise, um Beziehungsgefüge, Wirkungszusammenhänge, kurz Systeme, sinnvoll zu untersuchen.

Geisteswissenschaft. Als zentraler Begriff geisteswissenschaftlicher Vorgehensweise kann der vielschichtige und schillernde Begriff des Verstehens angesehen werden. Zur Darlegung seiner verschiedenen Bedeutungen wird der Aufsatz eines Historikers, W.J. Mommsen, hilfreich hinzugezogen.

W.J. Mommsen: Wandlungen im Bedeutungsgehalt der Kategorie des "Verstehens"; in: Ch. Meier, G. Rüsen (Hrsg.): Historische Methode; Theorie der Geschichte, Beiträge zur Historik, Bd. 5, München 1988, S. 200-226

Sieht man von dem Inhalt des Begriffes Verstehen als - akustisches - Hören ab, so lassen sich etwa folgende Bedeutungen unterscheiden.

1. Verstehen als Einfühlung, Intuition. Von der (romantischen) Vorstellung ausgehend, daß die geistige Welt nicht über Begriffe, sondern nur durch Einfühlung zu erfassen ist, kann man sich die Situation eines Sonnenunterganges oder -aufganges vorstellen, die über das Gefühl für einen Menschen ihrem Wesen nach verständlich wird. Auch Liebe ist ein Gefühl des Verstehens und der Einfühlung. Das Verstehen eines Gemäldes setzt intuitives Erfassen voraus, was auf der Grundlage der Kongenialität des Menschen - ein Kunstwerk wird von Menschen für Menschen geschaffen - möglich ist.

Im Wissenschaftlichen ist Einfühlung eine denkbare Methode, wenn z.B. ein Völkerkundler durch sein Zusammenleben mit einem primitiven Stamm über die teilnehmende Beobachtung hinaus sich in dessen Sitten und Gebräuche einfühlt.

2. Verstehen als Textauslegung, Exegese. Hier handelt es sich besonders um die (wissenschaftliche) Vorgehensweise der Philologen und Theologen. So einmalige Werke wie die Bibel oder der Koran bedürfen der Erklärung. Trotz jahrzehntelanger Beschäftigung mit solchen Offenbarungswerken streiten die modernen Schriftgelehrten auf der wissenschaftlichen Ebene noch um die Auslegung der einen oder anderen Textpassage, beispielsweise wenn es um die Übersetzung in eine andere Sprache geht.

3. Verstehen als Verständnis von Handlungen. Wiederum auf der Grundlage von Kongenialität, dem Vorhandensein von Grundstrukturen, die bei allen Menschen übereinstimmen, kann Verständnis von Handlungen des Menschen durch Einsicht in seine Motive erreicht werden. W. Dilthey verwendet den Begriff des geistigen Nacherlebens, der auch rückwärts, in die Vergangenheit, gewendet werden kann. So kommt es auf der Basis der Kongenialität durch geistiges Nacherleben zu einem Verstehen der Gehalte, nach W. Dilthey ein universell gültiges Erkenntnisverfahren, das gleichberechtigt neben der naturwissenschaftlichen Vorgehensweise steht.

4. Verstehen als Verstandesoperation. In diesem Zusammenhang ist vor allem an Überlegungen des Soziologen M. Weber (1854-1920) zu denken.

M. Weber vertrat die Auffassung, daß das Einfühlen der Romantiker oder das W. Dilthey'sche Nacherleben hohen wissenschaftlichen Ansprüchen des Verstehens nicht genügen könne. Er meinte, daß noch anderes hinzukommen müsse, nämlich die Beurteilung und Bewertung. Um aber dahin zu gelangen, bedarf es eines Beurteilungs- oder Bewertungsmaßstabes. So bestand M. Webers Vorgehensweise darin, daß er Idealtypen konstruierte, Modelle, beispielsweise der antiken Stadt, der Stadt des Mittelalters oder der südeuropäischen Stadt, die durch Weglassung der zahlreichen individuellen Ausprägungen der konkreten und abstrakten Erscheinungs- und Organisationsformen dieser Städte entstehen.

Die Verstandesoperation besteht darin, daß man den einzelnen, zu untersuchenden, individuellen Fall mit dem Idealtyp vergleicht, um Abweichungen und Übereinstimmungen zu ermitteln - eine Verfahrensweise, die auch einem naturwissenschaftlich orientierten Wissenschaftler plausibel erscheinen müßte und die, weil sie bei allem Bemühen um das Generelle/Allgemeine auch die individuellen Züge nicht vernachlässigt, besonders schätzenswert auch im - noch zu behandelnden - sozialwissenschaftlichen Zusammenhang erscheint. M. Webers Methode ist die der verstehenden Soziologie.

5. Verstehen als Verknüpfung vergangener Erfahrung mit gegenwärtiger Lebenswirklichkeit. Wenn man die Methode des Verstehens als geisteswissenschaftliche Methode der Hermeneutik bezeichnet, so hat diese Methode durch H.G. Gadamer eine besondere Ausprägung erfahren.

H.G. Gadamer: Wahrheit und Methode; Tübingen 1960

H.G. Gadamer, G. Brehm (Hrsg.): Seminar: Philosophische Hermeneutik (Textsammlung) (Suhrkamp Taschenbuch der Wissenschaft); 2. Auflage Frankfurt am Main 1979

U. Nassen (Hrsg.): Klassiker der Hermeneutik (Textsammlung) (UTB 1176); Paderborn 1982

Grundsituation ist die Tatsache, daß alles, was einem Menschen in der heutigen Lebenswirklichkeit begegnet, bereits zuvor geschaffen worden ist. Das Verstehen rückt den Menschen in einen Überlieferungszusammenhang ein, macht ihm seine zeitliche, historische Bedingtheit bewußt.

6. Verstehen als Sinnerfassung. Bei J. Habermas wird Verstehen gleich Sinnerfassung als Voraussetzung einer "Theorie kommunikativen Handelns" angesehen. Wir müssen erst verstehen - im Gespräch -, was der andere meint, um darauf reagieren zu können. Auch dabei bedarf es der Kenntnis von Beurteilungsmaßstäben. Wenn jemand erklärt, es sei 32° warm, so wird man diesen Hinweis erst dann richtig verstehen, wenn man weiß, ob Celsius- oder Fahrenheitgrade gemeint sind.

Trotz der aufgezeigten vielfältigen Inhalte des Begriffes Verstehen hat sich die Gleichsetzung von Verstehenslehre und Hermeneutik als weitgehend einheitliche geisteswissenschaftliche Vorgehensweise durchgesetzt.

Verglichen mit der naturwissenschaftlichen Art der Beschäftigung mit unbelebter und belebter Natur hat die hermeneutische Art der Auseinandersetzung mit dem geistigen Wirken des Menschen keine naturwissenschaftliche Exaktheit aufzuweisen. Messen gehört nicht zu ihrem Wesen, ja ist der Erfassung ihrer Sachverhalte unter Umständen abträglich; es werden keine eindeutigen Ergebnisse erzielt, intersubjektive Überprüfbarkeit ist weitgehend ausgeschlossen. Gesetze als Ergebnisse werden nicht angestrebt; das Experiment als Methode zur Isolierung von Teilen der Wirklichkeit ist kaum einsetzbar.

Vielmehr geht es um qualitative Befunde, die interpretiert, gedeutet werden. Wenn man von Sonderformen des Verstehens als Einfühlen absieht, sind es aber Verstandesoperationen, die ausgeführt werden. Interpretation muß nicht subjektives Erleben bedeuten, sondern ist auch Beurteilung und Bewertung - unter Benutzung von Beurteilungs- und Bewertungsmaßstäben. Gerade diese Methode erlaubt bei aller Anerkennung des Eigenwertes individueller Züge als ein Merkmal hermeneutischer Methode die Erkenntnis genereller Erscheinungsformen. Ihnen kommt in ihrer begrenzten, oft regionalen Gültigkeit der Aussagewert von Quasi-Gesetzen zu, die gerade im Fach Geographie für die Erklärung der Verschiedenheiten auf der Erde von Bedeutung sind. Mit dem Verfahren der Beurteilung und Bewertung werden Sachverhalte miteinander - qualitativ - in Beziehung gesetzt. Die Anwendung und Anwendungsmöglichkeit von Systemtheorien auf die geistigen Werke des Menschen steht noch dahin, wird kaum diskutiert.

Das Fach Geographie wurde durch seine Konzeption von Länderkunde als Darstellung (nur) der individuellen Züge der Erdräume in der ersten Hälfte des 20. Jahrhunderts und darüber hinaus zur Geisteswissenschaft gezählt. Unter dem Einfluß der Auffassung von Naturwissenschaftlichkeit als Wissenschaftlichkeit schlechthin geriet die idiographische Richtung der Geographie nach dem Zweiten Weltkrieg in eine konzeptionelle Abseitsposition: durch Hineinnahme naturwissenschaftlicher Methoden in die Beschäftigung mit dem Menschen bemühte man sich, das wissenschaftliche Niveau im Fach Geographie anzuheben (D. Bartels), ohne dabei auf die Eigenwirklichkeit des Menschen als Komposition von Natur und Geist allzuviel Rücksicht zu nehmen.

Erst neuerdings regen sich wieder Bestrebungen, die Geographie auch als hermeneutische Wissenschaft - mit der angemessenen Aufgabe der Interpretation von Lebenswelten - erneut aufzuwerten.

| J. Pohl: Geographie als hermeneutische Wissenschaft. Ein Rekonstruktionsversuch; Münchener Geographische Hefte, Nr. 52, Kallmünz, Regensburg 1986 |

Sozialwissenschaft. In den vorangegangenen Ausführungen wurden gemäß der traditionellen Gliederung der Wissenschaften in zwei Gruppen, Natur- und Geisteswissenschaft, wesentliche Merkmale der Verfahrensweisen beider Wissenschaften kurz skizziert.

Es wurde in den vorangegangenen Ausführungen ebenfalls deutlich gemacht, daß in der Wirklichkeit (der Erdräume) außer Natur und Geist eine dritte Qualität anzutreffen ist: der Mensch als die Vereinigung von Natur und Geist zu seiner spezifischen Wesensart.

Die fest etablierten Traditionen von sowohl Geistes- als auch Naturwissenschaften verhinderten lange eine wissenschaftliche Auseinandersetzung mit der dritten Qualität der Wirklichkeit (der Erdräume) und führten erst spät, nach älteren Vorläufern im Laufe des 19. Jahrhunderts, zur Etablierung einer Wissenschaft vom Menschen als Sozialwissenschaft.

F. Jonas: Geschichte der Soziologie (mit Quellentexten); 2 Bde, 2. Auflage Opladen 1981

Es sei hier daran erinnert, daß zur Kennzeichnung der dritten Wirklichkeit (der Erdräume) eine Reihe von Wesensmerkmalen des Menschen genannt wurden: Sprache, Bewußtsein, Rationalität, Emotionalität, mehr oder weniger freier Wille, Territorialität als Erdraumbindung, Ethik als Normenbindung, Bedürfnishaftigkeit, wobei psychische Bedürfnisse vor physiologischen rangieren. Alle diese Gegebenheiten gehen als Rahmenbedingungen in die Entscheidungen des Menschen ein, die ihn als handelndes Wesen zu seinen (physischen) Verhaltensweisen (im Erdraum) führen. Dabei werden die Verhaltensweisen nicht nur von der möglichen Willkür des Individuums geprägt, sondern erscheinen - insofern der Mensch als soziales Wesen in kleineren und größeren Merkmals- und Interessengruppen auftritt - als Regelhaftigkeiten.

Sozialwissenschaftliche Verfahrensweisen, insbesondere der empirischen Sozialforschung, lassen sich auf der Grundlage der nachgenannten drei Veröffentlichungen kennzeichnen.

G. Friedrichs: Methoden empirischer Sozialforschung; 12. Auflage Opladen 1984

H. Kromrey: Empirische Sozialforschung (UTB 1040); 3. Auflage Opladen 1984

R. Hantschel, E. Tharun: Anthropogeographische Arbeitsweisen (Das Geographische Seminar); Braunschweig 1980

Vom Titel her scheint sich die dritte Veröffentlichung speziell auf das Fach Geographie zu beziehen; inhaltlich und methodisch reiht sie sich voll in die Darlegung sozialwissenschaftlicher Verfahrensweisen ein.

Danach lassen sich, mit R. Hantschel und E. Tharun, zwei Ebenen empirischer sozialwissenschaftlicher Betätigung unterscheiden: die Datengewinnung und die Datenauswertung.

Bei der Datengewinnung geht es vor allem um den Einsatz der Befragung, schriftlich, mündlich, in kleinerem oder größerem Umfang.

K. Holm (Hrsg.): Die Befragung (UTB 372, 373, 433, 434, 435, 436); 6 Bde, Bd. 1 München 1975; Bd. 6 München 1979 und neuere Auflagen

Es kann hier die sozialwissenschaftliche Befragungstechnik nur angedeutet werden. Mittels Fragebogen erhebt man - z.B. bei Volkszählungen - Daten verschiedenster Sachgebiete mehr oder weniger vollständig. Demgegenüber können Sozialforscher auch Daten in Auswahl, als Stichprobe, in kleinerem Umfang, gewinnen; dabei stellt sich die Frage nach der Angemessenheit der Auswahl, die die Grundgesamtheit repräsentativ wiedergeben soll.

Im Fach Geographie kommen Beobachtung und Kartierung als wichtige Methoden der Datengewinnung hinzu.

Es sei hier besonders darauf hingewiesen, daß bei sozialwissenschaftlicher, empirischer Datenerhebung das Problem der Angemessenheit der erhobenen Daten im Verhältnis zur Wirklichkeit nicht gering einzuschätzen ist: selbst wenn es sich um konkrete Gegenstände/Sachverhalte außerhalb des Bewußtseins handelt, ist die sprachliche Wiedergabe ein Problem, das - wenn es sich um die Wiedergabe von Bewußtseinsinhalten handelt - mit grundsätzlicher Skepsis an der Angemessenheit der ermittelten Aussagen zu verbinden ist.

Der Datengewinnung folgt bei der Anwendung sozialwissenschaftlicher Verfahren die Datenauswertung. Dabei handelt es sich um die Anwendung mathematisch-statistischer Methoden, wie in den Naturwissenschaften auch.

G. Clauß, H. Ebner: Grundlagen der Statistik für Psychologen, Pädagogen und Soziologen; 2. Auflage Zürich, Frankfurt am Main 1975

G. Bahrenberg, E. Giese: Statistische Methoden und ihre Anwendung in der Geographie (Teubners Studienbücher Geographie); Stuttgart 1975

Hier kann es nicht um die Darlegung mathematisch-statistischer Datenauswerteverfahren im einzelnen gehen. Grundsätzlich werden Daten - ob sie nun der Wirklichkeit entsprechen oder nicht - in Beziehung gesetzt. Beispielsweise die Regressionsanalyse dient der Ermittlung linearer Zusammenhänge zwischen zwei Einflußgrößen. Die Korrelationsanalyse dient der Ermittlung des engen oder weniger engen Zusammenhanges von Variablen. Die Faktorenanalyse dient der Ermittlung von Korrelationen zwischen Variablen. Eine Vielzahl von Anwendungsmöglichkeiten spezieller mathematisch-statistischer Verfahren steht dem Sozialwissenschaftler - ebenso wie dem Naturwissenschaftler - offen.

Auf der Ebene sozialwissenschaftlicher Datenauswertung werden also die zuvor erhobenen, quantitativen Daten in Beziehung zueinander gesetzt und auch diese Beziehungen quantitativ erfaßt. Der Einsatz von elektronischen Datenverarbeitungsmethoden eröffnet - wie in den Naturwissenschaften - die Möglichkeit der Beherrschung relativ großer Datenmengen.

Rechenoperationen, die Festlegung von Ergebnissen unter Umständen bis zu mehreren Stellen hinter dem Komma, vermitteln den Eindruck naturwissenschaftlicher Exaktheit. Oft wird vergessen, daß im sozialwissenschaftlichen Kontext die eingegebenen Daten nicht unbedingt, und wenn, nur unscharf, der Wirklichkeit entsprechen, während man in naturwissenschaftlichem Kontext von der Wirklichkeit angemessenen Daten schon eher ausgehen kann.

Die Datenauswertung sollte sich nicht mit der Anwendung mathematisch-statistischer Verfahren begnügen. R. Hantschel und E. Tharun haben am Anfang ihrer Veröffentlichung auf die Wichtigkeit von Theorien im wissenschaftlichen Zusammenhang hingewiesen; um so erstaunlicher ist es, daß sich in ihren nachfolgenden Ausführungen kein Kapitel findet, das sich mit der Anwendung oder Verwendung von Theorien, Idealtypen oder Modellen beschäftigt. Im sozialwissenschaftlichen Kontext ist eine über die Anwendung mathematisch-statistischer Verfahren hinausgehende Beurteilung und Bewertung, letztlich eine Interpretation der berechneten Daten im hermeneutischen Sinne, notwendig. Damit stellt sich die Frage nach der Rolle und Qualität von Theorien im wissenschaftlichen, hier speziell im sozialwissenschaftlichen Zusammenhang.

Es können weiche und harte Theorien unterschieden werden. Weiche Theorien, den M. Weber'schen Idealtypen vergleichbar, werden durch Verallgemeinerung empirischer Einzeldaten, durch Ermittlung ihrer Durchschnittswerte - übertragen wie konkret - gewonnen. Ein Beispiel dafür wäre die Theorie der demographischen Transformation, auch Modell des demographischen Übergangs genannt, die

die typische Entwicklung von Geburten- und Sterberaten von der präindustriellen zur hochindustriellen Gesellschaft beschreibt, in dem sie von vielen Nationen/ Völkern, die eine so weitreichende Entwicklung durchlaufen haben, den Durchschnittswert der Geburten- und Sterbefälle pro Jahr angibt.

Diese Art von Theorien bleibt nahe an der Wirklichkeit und erlaubt auch die Würdigung von Abweichungen in ihrer individuellen Bedeutung im Rahmen eines größeren Zusammenhanges, wenn beispielsweise durch Kriege in einzelnen Ländern zeitweilig die Sterberate nach oben und die Geburtenrate nach unten schnellt.

Den weichen Theorien, Modellen oder Idealtypen, stehen die harten Theorien gegenüber, wie beispielsweise die W. Christaller'sche Theorie der Zentralität und der zentralen Orte. Es werden Annahmen gemacht, z.B. über die Verhaltensweisen von Menschen bei der Bedarfsdeckung mit Gütern (= Waren und Dienstleistungen): ein nur rationales, homo-oeconomicus-Verhalten wird unterstellt, das durch die Bedarfsdeckung bei der nächstgelegenen Möglichkeit zu einem spezifischen Verteilungsmuster der Bedarfsdeckungsorte (= zentrale Orte) führt. Aus den - begrenzten - Annahmen werden Schlußfolgerungen gezogen, die im Rahmen der Annahmen richtig sind. Nur: das Bedarfsdeckungsverhalten ist nicht empirisch - durch Befragung - ermittelt; insofern entsprechen die theoretisch gewonnenen Ergebnisse nicht unbedingt der Wirklichkeit, kommen ihr aber - da rationales Handeln des Menschen durchaus verbreitet ist - nahe.

Ob weiche oder harte Theorien, Modelle oder Idealtypen, sie sind die Beurteilungsmaßstäbe, um Daten in einen größeren Zusammenhang hineinstellen zu können und sie so einer Interpretation im hermeneutischen Sinne, d.h. der Kennzeichnung ihrer Bedeutung, zu unterziehen.

Gesellschaften bestehen aus Individuen, die in kleineren und größeren Gruppen organisiert sind, die wiederum in harmonischen oder disharmonischen Beziehungen miteinander oder gegeneinander wirken. Auch Gesellschaften können im Zusammenspiel ihrer Teile und deren Beziehungen zur Umwelt als Systeme, sehr komplexe, dynamische Supersysteme, aufgefaßt werden.

Was die Anwendung von allgemeiner Systemtheorie auf die Gesellschaft als System angeht, so geschieht das in der Soziologie auf der theoretischen Ebene (N. Luhmann). Auf der empirischen Ebene stehen dem schier unüberwindbare Schwierigkeiten entgegen. Das liegt nicht nur an der großen Zahl menschlicher Individuen und ihren breiten Verhaltensspielräumen. Das liegt auch daran, daß ja die individuellen und kollektiven Bewußtseinsinhalte ebenfalls berücksichtigt werden müssen, die angemessen zu erfassen besondere Schwierigkeiten bereitet. Außerdem sind die Menschen, die Individuen und Gruppen, die aktualistisch-prozessual mit- und gegeneinander agieren, das Ergebnis längerfristiger Entwicklungsprozesse, die auch noch zu berücksichtigen sind. Auf absehbare Zeit scheint deshalb die empirische Anwendung allgemeiner Systemtheorie auf die soziale Wirklichkeit besonders in einem größeren Zusammenhang wenig erfolgversprechend zu sein.

Mit der nachfolgend genannten Veröffentlichung, die nicht zur Einführung, sondern als weiterführende Lektüre auf hohem Niveau geeignet ist, sei auf den fachspezifischen Zusammenhang der Geographie mit sozialwissenschaftlicher Forschung hingewiesen.

D. Bartels: Zur wissenschaftstheoretischen Grundlegung einer Geographie des Menschen; Geographische Zeitschrift, Beihefte, Wiesbaden 1968

In den bisherigen Ausführungen wurden sozusagen die Außenbeziehungen der Geographie - nicht ohne Rückwirkungen auf die innere Struktur -, die Position der Geographie im Bedingungszusammenhang von Wirklichkeit und Wissenschaft, ausgehend von einem Schaubild (Abb. 1), dargelegt.

Dabei ergab sich ein sehr vielfältiges Bild von der Wirklichkeit der Erdräume, das durch die Existenz unterschiedlicher Qualitäten, Natur - Geist - Mensch, gekennzeichnet ist. Befaßt man sich in der (Physischen) Geographie mit der unbelebten und belebten Natur, so ist in Verbindung mit entsprechenden Nachbarfächern eine an naturwissenschaftlichen Methoden ausgerichtete, systemorientierte Vorgehensweise angemessen, die auch den hermeneutischen Aspekt der Bedeutungserklärung ihrer Ergebnisse nicht außer acht lassen sollte. Befaßt man sich in der (Kultur-)Geographie mit dem Menschen, dem erdräumlichen Niederschlag seines Geistes und seinen Verhaltensweisen, so ist bis zu einem gewissen Grade die Anwendung quasi-naturwissenschaftlicher Verfahren des Quantifizierens von Sachverhalten und Beziehungen im sozialwissenschaftlichen Rahmen eine angemessene Vorgehensweise, die aber der geisteswissenschaftlichen Ergänzung, der hermeneutischen Vervollkommnung, d.h. der interpretativen Bedeutungsklärung der Ergebnisse im größeren Zusammenhang - wegen der geistigen Qualität des Menschen - bedarf. Man kann diese doppelte Zielsetzung auch auf die Formel bringen: Erklären und Verstehen (N. Konegen, K. Sondergeld).

N. Konegen, K. Sondergeld: Wissenschaftstheorie für Sozialwissenschaftler (UTB 1324); Opladen 1985

Vergleiche auch:

P.C. Kuiper: Die Verschwörung gegen das Gefühl. Psychoanalyse als Naturwissenschaft und Hermeneutik; Stuttgart 1986

Noch schwieriger wird es methodisch, wenn die verschiedenen Qualitäten der Wirklichkeit der Erdräume, Natur - Geist - Mensch, im länderkundlichen Rahmen in einen Gesamtzusammenhang integriert werden sollen, bei dem naturwissenschaftlich-systemare, sozialwissenschaftlich-quasi-naturwissenschaftliche und hermeneutisch-geisteswissenschaftliche Aspekte zu berücksichtigen sind. Auf absehbare Zeit dürfte eine Integration so heterogener Methoden unerreichbar sein. Auf ein konkretes Objekt bezogen, einen größeren oder kleineren Ausschnitt der Erde, mit dem Ziel seiner Darstellung, scheint eine Anwendung der verschiedenen Methoden in Gestalt einer facettenreichen Abbildung sinnvoll.

Wirklichkeit (formal): Raum und Zeit. Alle konkreten und abstrakten Gegenstände der Erdräume sind nach I. Kant (1724-1804) a priori im Raum und in der Zeit als Anschauungsformen.

Raum. Für das Fach Geographie hat der Begriff Raum naturgemäß eine grundlegende, aber nicht einfache Bedeutung. Die folgenden Ausführungen stützen sich auf:

D. Bartels: Schwierigkeiten mit dem Raumbegriff in der Geographie; in: Geographica Helvetica, Beiheft zu Nr. 2/3, 29. Jahrgang, Bern 1974: Zur Theorie in der Geographie, Fachgruppe Geographie - Geologie, Universität Zürich, S. 7-21

1. Raum als Ganzheit der Wahrnehmung, als Wahrnehmungsgesamtheit. D. Bartels dachte dabei an die klassische Ausprägung von Raum in der traditionellen Geographie, wie sie im Sinne A. von Humboldts (1769-1859) in die Sprachformel vom "Totalcharakter einer Erdgegend" gefaßt wurde. Gemeint war dabei vor al-

lem der Raum als Landschaft in seiner konkreten, dinglichen Erfüllung, die optisch wahrnehmbar, eventuell zu erleben ist.

2. Raum als Lebensumwelt. Gedacht ist dabei an die Gegenüberstellung von Mensch - der selbst Teil des Raumes ist - und Natur. Der Mensch sieht sich mit seiner Lebensumwelt konfrontiert. Im Laufe der Entwicklung des Faches ist dabei ein konzeptioneller Wandel eingetreten: von der älteren Auffassung der naturdeterministischen Prägung des Menschen zu einer Auffassung, die Umwelt als vom Menschen geprägt ansieht.

3. Raum als erdoberflächliche Ausdehnung. Hierbei erscheint Raum als dreidimensionaler Behälter, als Ausdehnung der Gegenstände (im Raum) und als räumliche Ausdehnung zwischen den Gegenständen. Diese Art von Raum ist als konkrete Distanz meßbar, und zwar im Sinne der bekannten Unterscheidungen von Millimeter, Zentimeter, Meter, Kilometer, Breiten- und Längengraden, Erdumfängen, Lichtjahren.

4. Raum als methaphysischer, sozialer Raum, als "sozial-distanzielles Interaktionsgefüge". Hier wird Raum im übertragenen Sinne verstanden, als soziale Distanz, als Widerstand, Entfernung, die eventuell überwunden werden muß. Raum erscheint als Nähe bzw. Ferne in ihrer sozialen Bedeutung, also in ihrer psychischen Qualität für den Menschen. Zwei Menschen mögen konkret-räumlich nebeneinanderstehen, dennoch kann sich zwischen ihnen eine große Distanz sozialen Abstandes erstrecken.

Über diese Bedeutungen des Begriffes Raum hinaus ist es zur Kennzeichnung des Faches Geographie wichtig, unterschiedliche Größenordnungen von Raum herauszustellen, nämlich solche, mit dem sich konventionell, d.h. nach traditioneller Übereinkunft der Wissenschaftler, das Fach beschäftigt und solche, mit denen es sich nicht beschäftigt.

Da wäre zunächst die Submikrogrößenordnung der Atomphysik. Ob nun Atommodelle, Vorstellungen von Teilchen, die um einen Atomkern kreisen, Fiktion oder Realität sein mögen, es handelt sich um Raumstrukturen, aber solche, für die das Fach Geographie sich als nicht zuständig erklärt.

Auch bei der Größenordnung der Mikrobiologie, wo es um (räumliche) Zellstrukturen geht, Zellkern, Zellplasma, Zellhaut und ihr Zusammenspiel in Zellverbänden, ist das Fach Geographie nicht zuständig.

In der Größenordnung des menschlichen Körpers, mit dem sich die Humanmedizin befaßt, gibt es beträchtliche räumliche Differenzierung: das Herz, die Lunge, die Nieren, die Galle, die Leber, der Darm etc. sitzen alle an ganz bestimmten Stellen innerhalb des Körpers. Aber die Geographie überläßt es der Humanmedizin zu klären, warum dies so ist.

Erst bei höheren Größenordnungen von Raumkomplexen setzt das Interesse des Faches Geographie ein und differenziert sich vielfältig. Da ist zunächst die Raumgrößenordnung der Standorte - von Pflanzen, Tieren, Haushalten, Betrieben. In ihren inneren funktionalen Strukturen und ihren Beziehungen zur nahen und fernen Umgebung stellen sie die kleinste Größenordnung von dynamischen Raumkomplexen als Systeme dar.

Nach oben, zu höheren Größenordnungen hin, folgen kleine Landschaften: Berge, Täler, Niederungen, Teile von Ebenen, Küstenabschnitte, Gruppen von Pflanzen, Gruppen von Tieren, kleinere soziale Gruppen, kleinere Siedlungen oder Teile von größeren Siedlungen: Dörfer, Stadtteile, die ebenfalls in sich und in Bezug zu ihrer Umgebung Wirkungsgefüge, Systeme, darstellen.

Als zur Mesogrößenordnung gehörig kann man noch höherrangige Raumkomplexe bezeichnen. Das wären größere Landschaften: Gebirgszüge, Ebenen, Küsten, Verbände von ländlichen Gemeinden (Landkreise, Regierungsbezirke), mittlere und größere Städte, größere soziale Gruppen.

Der Übergang zur Makrogrößenordnung ist fließend. Als größere naturräumliche Einheiten gelten das norddeutsche Flachland, die deutschen Mittelgebirge, der deutsche Alpenraum; auf der staatlichen Ebene können Bundesländer als Beispiele genannt werden.

Weiter nach oben schließen sich als noch höhere Größenordnung die Staaten und Länder an, die allerdings in sich wiederum sehr unterschiedliche Größen aufzuweisen haben, vom Zwergstaat Monaco bis zum kontinentalen Ausmaß der Sowjetunion.

Kontinente und Meere, auf den Kontinenten Länderzusammenschlüsse und -verbindungen, sind für das Fach Geographie interessante Raumkomplexe, Systeme, allerdings mit einer so komplizierten Struktur ihres Beziehungsgefüges, daß Zweifel an ihrer inhaltlich adäquaten Erfaßbarkeit als Systeme aufkommen müssen.

Schließlich ist es die Supermakrogrößenordnung der ganzen Erde, der globale Betrachtungsaspekt, der zum Fach Geographie dazugehört, wenn auch - notgedrungen - weitgehend unter Verzicht auf eine den Inhalten und Beziehungen adäquate, systemare Erfassung und Darstellung.

Im Laufe der Entwicklung der Wissenschaften gab es eine Phase, in der Geographen, als Kosmographen, sich nicht nur mit der Position der Erde im Weltraum, sondern auch mit dem Weltraum beschäftigten. Mit der zunehmenden Spezialisierung der Wissenschaften ist diese Blickrichtung, ebenso wie die Beschäftigung mit der Erdgeschichte, die sich mit der Etablierung des Faches Geologie abgespalten hat, aus dem Interessenbereich des Faches Geographie ausgeschieden.

So läßt sich feststellen, daß eine mittlere bis höhere Größenordnung von (Erd-)Raumkomplexen dem Fach Geographie eigen ist. Wie bei den verschiedenen Kartenmaßstäben, von der Katasterkarte im Maßstab 1:1000 oder 1:500, die Standorte aufzeigt, bis zu globalen Kartendarstellungen im Maßstab 1:>1 000 000 ist Generalisierung, d.h. Reduktion der Inhalte, notwendig. Damit geht - je nach Standpunkt - ein Verlust an individuellen Zügen einer bzw. wird die Heraushebung des Wesentlichen gefördert.

Zur Einführung in das Thema Geographie und Kartographie sei auf H. Leser, Geographie, 1980, S. 122 ff, verwiesen.

Zeit. Parallel zu den Differenzierungen des Begriffes Raum lassen sich Differenzierungen des Begriffes Zeit vornehmen, die nicht ohne Bedeutung für das Fach Geographie sind.

Mit dem Begriff Zeit kann Dynamik - im Gegensatz zu Statik - assoziiert werden. Zeit kann aber auch Prozeß, Vorgang, kurzfristiges Zusammenspiel, wie es anschaulich im Bild vom Räderwerk oder Getriebe zum Ausdruck kommt, bedeuten. Damit ist Zeit auch aktualistische Zeit, d.h. losgelöst von einer absoluten oder historischen Chronologie; dies ist der Fall, wenn man sich mit dem Wachstum einer Pflanze oder der Abfolge der Lebenszyklen des Menschen - von der Familiengründungsphase über die Expansionsphase zur Stagnations- und Schrumpfungsphase - beschäftigt.

Zeit kann man auch mit Genese, mit dem Werden, assoziieren, was zur genetisch-historischen Erklärung des Gewordenen, sei es einer Natur- oder einer Kulturlandschaft, führt.

Zeit kann als rhythmische Erscheinung auftreten: z.B. in Gestalt des Tag-Nacht-Rhythmus oder des Rhythmus der Jahreszeiten oder beim Berufsverkehr als immer wiederkehrende rush-hour/peak-period am Morgen und Abend.

Zeit kann auch konkret ausgedehnt aufgefaßt und insofern gemessen werden. Dazu dienen die bekannten Unterscheidungen von Sekunde, Minute, Stunde, Tag, Woche, Monat, Jahr, Jahrzehnt, Jahrhundert, Jahrtausend, Lichtjahr.

Mit der Zeit verbinden sich auch langfristige Vorgänge, die mit den Bezeichnungen Entwicklung oder Evolution belegt werden. In diesem Zusammenhang lassen sich verschiedene Größenordnungen von Zeit unterscheiden. So die geologische Zeit, die die Erdgeschichte, das erdgeschichtliche Geschehen, nach Jahrmillionen untergliedert. Ihr kann die historische Zeit als andere wichtige Größenordnung gegenübergestellt werden; damit ist nicht nur ein Zeitraum gemeint, in dem es schriftliche Überlieferung gibt - dies ist, bezogen auf die Entstehung und Entwicklung des Menschen, erst eine kurze Zeit -, sondern die Bindung an eine historische Chronologie, die nach unterschiedlichen Gesichtspunkten, nach Phasen oder Epochen, untergliedert werden kann.

Wenn sich die Geographie mit dynamischen Erdraumsystemen beschäftigt, ist es notwendig, sich nicht nur die verschiedenen Bedeutungen des Begriffes Raum, sondern auch des Begriffes Zeit bewußt zu machen.

Hinweise auf Geographie in der Praxis. Hier wird zunächst auf die ausführliche Behandlung der Thematik Geographiestudium, Ausbildungsabschluß, Berufsmöglichkeiten und Geographie in der Praxis bei H. Leser, Geographie, 1980, S. 150ff hingewiesen.

Das Schaubild (Abb. 1), von dem in diesem Kapitel ausgegangen wurde, läßt die Einordnung der Praxis in den Zusammenhang mit Wirklichkeit, inhaltlich und formal, und Wissenschaft erkennen.

Hier soll nur auf Verknüpfungen hingewiesen werden, die sich aus den Ausführungen über die Geographie im Bedingungszusammenhang von Wirklichkeit und Wissenschaft ergeben.

Es wurde dargelegt, daß entsprechend den drei unterschiedlichen Qualitäten der Wirklichkeit der Erdräume, Natur - Geist - Mensch, in der Geographie drei wissenschaftliche Richtungen, mehr oder weniger nebeneinander oder miteinander verbunden, anzutreffen sind: die naturwissenschaftliche Richtung, die sich mit der unbelebten und belebten Natur der Naturlandschaften - im Idealfall in ihrem Zusammenspiel als dynamische Systeme - quantifizierend befaßt; die geisteswissenschaftliche Richtung - weniger selbständig ausgeprägt als die naturwissenschaftliche Richtung -, die sich mit den geistigen Werken des Menschen, dem objektivierten Geist, in Gestalt der Kulturlandschaften - kaum als dynamische Systeme - hermeneutisch, interpretierend befaßt; und die sozialwissenschaftliche Richtung, die sich mit dem Menschen und seinen Verhaltensweisen in den Erdräumen - mit dem fernen Ziel der Erfassung gesellschaftlicher dynamischer Systeme und ihres räumlichen Niederschlages - quasi-naturwissenschaftlich, d.h. quantifizierend, und um Regelhaftigkeiten bemüht, sowie hermeneutisch-interpretierend auseinandersetzt (auseinandersetzen sollte), wobei sozial- und geisteswissenschaftliche Richtung in der Kulturgeographie einigermaßen eine Einheit bilden.

In der Länderkunde/Regionalgeographie, die alle Richtungen vereinigen sollte, werden Erdräume bisher kaum als dynamische Systeme gesehen, sondern im Sinne einer verstehenden Kulturgeographie dargestellt, unter Verwendung eines sozial- und naturwissenschaftlichen Unterbaus.

Aus der Struktur des Faches als wissenschaftliche Disziplin ergeben sich die Arten der Verknüpfung der Geographie mit der Praxis und ihre Ausprägungen in der Praxis.

In der Schule - wenn man einmal von der Erdkunde als Topographie auf den unteren Klassenstufen absieht - dominiert die verstehende Kulturgeographie; in den obersten Klassen des Gymnasiums erfolgte - angesichts der aktuellen Umweltproblematik - verstärkt eine naturwissenschaftliche Ausrichtung. Die unsichere Stellung der Länderkunde im Schulunterricht ist Ausdruck des Rückschlages der geisteswissenschaftlich-hermeneutischen Richtung in der Geographie nach dem Zweiten Weltkrieg.

In den Medien - Zeitungen, Zeitschriften, Rundfunk, Fernsehen -, die absatzorientiert und deshalb auf Unterhaltungswert bedacht sind, kann ein wissenschaftlich in den verschiedenen Richtungen ausgebildeter Geograph zwar seine Anschauungen und Kenntnisse umgesetzt und angepaßt verwenden, muß aber Abstriche an der Wissenschaftlichkeit machen, wenn er reüssieren will.

Allein auf dem Gebiet staatlicher und privater (Erd-)Raumplanung und Raumordnung kann ein wissenschaftlich in den verschiedenen Richtungen ausgebildeter Geograph mehr oder weniger unmittelbar als Anwender von Wissenschaft tätig werden. Das gilt allerdings nur für zwei der drei genannten Richtungen. Und zwar: die naturwissenschaftliche Richtung, die durch ihren systemorientierten und quantifizierenden Ansatz besonders günstige Voraussetzungen für Fragestellungen der heute und auf absehbare Zeit aktuellen ökologischen Umweltproblematik mit sich bringt; und die sozialwissenschaftliche Richtung, die mit ihrem quasi-naturwissenschaftlichen Ansatz und der Beschäftigung mit Regelhaftigkeiten menschlichen Verhaltens günstige Voraussetzungen für die Bewältigung gesellschaftlicher Aufgaben der räumlichen Siedlungs-, Verkehrs-, Wirtschafts- und Sozialplanung mit sich bringt.

Dagegen tritt die geisteswissenschaftliche Richtung der Geographie, die zur geistigen Bewältigung des raumbezogenen technischen Fortschritts, zur Verständnisklärung der Raumbindung des Menschen an Heimat und Welt, beitragen kann, bei der Anwendung von Wissenschaft in der Praxis bisher zurück.

Von der Landschaft zum Geosystem: Paradigmenwandel in der Geographie

In seiner Habilitationsschrift hat D. Bartels (1968, S. 2/3) eine Zusammenstellung dessen gegeben, was alles als Forschungsgegenstand der Geographie angesehen werden kann:

- die dingliche Erfüllung der Erdoberfläche,
- die Verbreitung, räumliche Verteilung, Lokalisierung der Einzelerscheinungen der Erdoberfläche,
- die Abhängigkeit bzw. Bedingtheit der Einzelerscheinungen der Erdoberfläche oder Erde,
- das räumliche Zusammensein und Zusammenwirken der terrestrischen Einzelerscheinungen an bestimmten Orten oder in bestimmten Regionen der Erdoberfläche,
- die Wechselwirkungen der terrestrischen Einzelerscheinungen,
- der Zusammenhang Mensch - Natur (der Erde), Land und Volk,
- die Umwelt des Menschen,
- die Länder,
- die Wirkungen von Einzelerscheinungen auf die (Natur der) Erde bzw. die Erdoberfläche,
- der individuelle Charakter der einzelnen Land- und Meeresräume,
- die Inhalte der kartographischen Darstellung,
- die Zonen und Regionen der Erdoberfläche,
- die Natur der Erdoberfläche als Ansammlung von Litho-, Hydro-, Atmo-, Phyto- und Zoosphäre,
- die Gesamtkorrelation von Litho-, Atmo-, Hydro- und Biosphäre.

Am Anfang der vorliegenden Veröffentlichung wurde die Wirklichkeit der Erdräume als Forschungsgegenstand der Geographie bestimmt. Diese Definition ist so weit, daß alle aufgelisteten Sachverhalte als Teilaspekte angesehen werden können. Die Länge der Liste zeigt den üppigen Spielraum der Sichtweisen.

Mit der Formulierung "Von der Landschaft zum Geosystem" wird angedeutet, daß innerhalb des Faches Geographie eine grundlegende Umstellung - kurz Paradigmenwandel genannt - in der jüngeren Vergangenheit erfolgt ist. Dabei ist die Wirklichkeit der Erdräume unverändert der Forschungsgegenstand der Geographie geblieben.

Einleitend bedarf es noch einer weiteren, sprachregelnden Erklärung. Bisher wurden die Bezeichnungen Natur- und Kulturlandschaft mehrmals verwendet. Naturlandschaften sind solche, in denen die unbelebte und/oder belebte Natur dominiert; Kulturlandschaften sind durch die vom Menschen geschaffenen Werke und ihn selbst, seine Verhaltensweisen, geprägt. Der Unterscheidung:

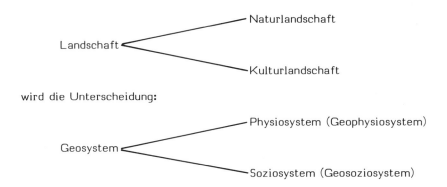

wird die Unterscheidung:

gegenübergestellt. Dabei ist der Begriff Physiosystem parallel zur Bezeichnung Naturlandschaft zu verstehen; entsprechendes gilt für die Termini Kulturlandschaft und Soziosystem.

Es muß jedoch vermerkt werden, daß die Bezeichnung Soziosystem in der Literatur selten anzutreffen ist. Häufiger wird der Begriff Geosystem verwendet; er wird aber überwiegend im Sinne von Physiosystem, also nur im Hinblick auf die unbelebte und/oder belebte Natur gebraucht. Diese Feststellung mag bereits als Hinweis auf die Schwierigkeiten interpretiert werden, den Systembegriff bzw. die allgemeine Systemtheorie auf gesellschaftlich gestaltete Erdräume anzuwenden.

Der traditionelle Landschaftsbegriff. Noch in den 50er und 60er Jahren war der Landschaftsbegriff in einer speziellen Ausprägung der zentrale, die physische und die kulturgeographische Richtung umfassende Begriff des Faches und ist es zum Teil noch heute. J. Schmithüsen hat sich mit dem - hier rückschauend als traditionell bezeichneten - Landschaftsbegriff auseinandergesetzt.

J. Schmithüsen: Was ist eine Landschaft? Erdkundliches Wissen, Heft 9, Wiesbaden 1964

Zur Veranschaulichung sei J. Schmithüsen zitiert (S. 11): "... ein in Obstgärten gebettetes Dorf am Rande einer mit Kuhweiden erfüllten Quellmulde, mit Ackerzelgen und ein paar Wegen auf der angrenzenden Hochfläche, Niederwald auf dem Grauwackenfels steilhängiger Tälchen, mit Wiesenstreifen im Grund und einem Touristengasthaus in einer ehemaligen Lohmühle am erlenumsäumten Bach, dieses zusammen kann schon die wesentlichsten Züge einer Landschaft ausmachen."

Das Zitat zeigt: heterogene Strukturelemente der Wirklichkeit der Erdräume gehören zu einer Landschaft, und zwar der unbelebten und belebten Natur (Hänge, Flächen, Mulden, Täler, Bäche, Quellen, Wiesen, Bäume, Wälder). Aber auch der Mensch ist vertreten, und zwar durch Obstgärten, Kuhweiden, Ackerzelgen, Wege, ein Dorf, eine Mühle bzw. ein Gasthaus. Der Mensch erscheint nicht selbst, in seinen Verhaltensweisen, sondern durch die von ihm geschaffenen Einrichtungen, die die Naturlandschaft zur Kulturlandschaft umgestalten.

Das Zitat läßt erkennen, daß sehr unterschiedliche Qualitäten von Wirklichkeit zu einer Landschaft vereinigt anzutreffen sind.

Als typisch für den traditionellen Landschaftsbegriff kann es angesehen werden, daß diese Landschaft aus konkreten, anfaßbaren, optisch wahrnehmbaren Gegenständen besteht - ein Hinweis auf die physiognomische Orientierung dieses Landschaftsbegriffes. Ebenso typisch kann die additive Aneinanderreihung der Tatbestände, ohne Versuch, ihre Verknüpfung anzudeuten, angesehen werden - ein Hinweis darauf, daß dieser Landschaftsbegriff ohne Systemorientierung den Totalcharakter einer Erdgegend zu erfassen sucht.

Über die zitierte, relativ kleine, überschaubare Beispiellandschaft hinaus wurden von J. Schmithüsen (S. 7 f) noch andere Erscheinungsformen von Landschaft genannt, und zwar:

1) Landschaft als Gemälde, als objektivierter Geist,

2) Landschaft als Widerhall; gemeint ist der Sinneseindruck, das Erlebnis, das Landschaft in einem Betrachter auslöst,

3) Landschaft als ein begrenzter Erdraum,

4) Landschaft als natürliche Beschaffenheit einer Erdgegend (Naturlandschaft),

5) Landschaft als durch den Menschen gestaltete Erdoberfläche (Kulturlandschaft),

6) Landschaft als Totalcharakter einer Erdgegend (nach A. von Humboldt).

J. Schmithüsen läßt keine Zweifel aufkommen, daß er den wissenschaftlichen Landschaftsbegriff der Geographie durch den Punkt 6) gekennzeichnet sieht. Im Zusammenhang mit diesem traditionellen Landschaftsbegriff der Geographie ergeben sich einige Fragen.

— Wie groß ist eine Landschaft? Die von J. Schmithüsen skizzierte Beispiellandschaft ist klein. Sie setzt sich aus noch kleineren, meist homogenen Einheiten, den "Fliesen" (nach J. Schmithüsen) zusammen. Zu höheren Größenordnungen ergibt sich ein fließender Übergang. Um eine Ansammlung von ähnlichen Landschaften wie die skizzierte benennen zu können, schlägt J. Schmithüsen die Bezeichnung Landschaftsraum vor und zählt als konkrete Beispiele (S. 12) auf: Lüneburger Heide, Magdeburger Börde, Großberlin, Spreewald, Ruhrgebiet, Siegerland, Rheingau, Bergstraße, Kraichgau. Bei noch höheren Größenordnungen geht der Landschaftsraum in das Land über.

Die Grundlage der Zusammenfassung kleinerer Erdräume, Landschaften und Landschaftsräume, zu größeren Einheiten ist nach J. Schmithüsen der Totalcharakter der Erdgegenden.

Für Schleswig-Holstein und Deutschland könnte eine solche Zusammenfassung etwa derart aussehen: ähnliche kleinere Landschaften, im Westen, in der Mitte und im Osten, werden zu größeren Landschaftsräumen zusammengefaßt: Marsch - Geest - Hügelland, die wiederum zusammen - über Schleswig-Holstein hinaus - die noch größere Einheit des norddeutschen Tieflandes bilden, dem als andere, gleichrangige Einheiten die deutschen Mittelgebirge und der deutsche Voralpen- und Alpenraum an die Seite gestellt werden können. Dabei geht man faktisch von der natürlichen Beschaffenheit der Erdräume aus, die allerdings in hohem Maße Kulturlandschaften sind.

Drei große, abgeschlossene Untersuchungen der deutschen Geographie der Nachkriegszeit, die naturräumliche Gliederung Deutschlands, die wirtschaftsräumliche Gliederung der Bundesrepublik Deutschland und die Gliederung der Bundesrepublik nach zentralörtlichen Bereichen, sind auf dem Hintergrund des traditionellen Landschaftsbegriffes durchgeführt worden, auch wenn es sich nicht unbedingt um Landschafts- bzw. Raumeinheiten im Sinne ihres Totalcharakters handelt.

E. Meynen, J. Schmithüsen, J. Gellert, E. Neef, H. Müller-Miny, J.H. Schultze (Hrsg.): Handbuch der naturräumlichen Gliederung Deutschlands; 2 Bde. Bad Godesberg 1959-1962

KH. Hottes, E. Meynen, E. Otremba: Wirtschaftsräumliche Gliederung der Bundesrepublik Deutschland. Geographisch-landeskundliche Bestandsaufnahme 1960-69; Forschungen zur deutschen Landeskunde, Bd. 113, Bonn-Bad Godesberg 1972

G. Kluczka: Zentrale Orte und zentralörtliche Bereiche mittlerer und höherer Stufe in der Bundesrepublik Deutschland; Forschungen zur deutschen Landeskunde, Bd. 194, Bonn-Bad Godesberg 1970

Während man sich bei der naturräumlichen Gliederung noch stark von den konkreten, optisch wahrnehmbaren Strukturelementen der unbelebten und belebten Natur leiten ließ, während auch bei der wirtschaftsräumlichen Gliederung physiognomische Sachverhalte wie Landwirtschaft, Industriebesatz und große städtische Siedlungen bei der Abgrenzung eine Rolle spielten, traten derartige Aspekte bei der Gliederung nach zentralörtlichen Bereichen zurück: handelt es sich doch um abstrakte Beziehungen zwischen den zentralen Orten und ihren Einzugsgebieten.

Die Erfassung des Totalcharakters einer Erdgegend ist in Frage gestellt.

— Landschaft: physiognomisch-genetisch oder als Wirkungsgefüge? Letztlich auf C. Ritter (1779-1859) zurückgehend, einen - neben A. von Humboldt (1769-1859) - anderen Altmeister der modernen Geographie, erlebte die physiognomische Richtung um die letzte Jahrhundertwende durch O. Schlüter (1872-1959) eine Belebung.

Zur traditionellen physiognomischen Richtung in der Geographie - z.B. bei den Siedlungen die Betonung des Baukörpers und seine Gestaltung - gehört auch die Erklärung physiognomischer Sachverhalte aus der Vergangenheit heraus, d.h. historisch. Bei dem zitierten Landschaftsbeispiel von J. Schmithüsen ist wohl nur wegen der Knappheit der Ausführungen eine historische Erklärung unterblieben, wenngleich mit dem Begriff "Grauwackenfels" eine geologisch-mineralogische Erklärung des Gesteins angedeutet wurde.

Als ein Beleg für die im Verlauf der Entwicklung der Geographie so wichtige physiognomische Richtung sei - im Zusammenhang mit (Kultur-)Landschaft - die Veröffentlichung von G. Pfeifer genannt:

G. Pfeifer: Das Siedlungsbild der Landschaft Angeln; Schriften der Baltischen Kommission zu Kiel, Bd. 14, Kiel 1928

Darin wurde die Physiognomie der Siedlungen der Landschaft Angeln in historischen Querschnitten ihrer Entwicklung verfolgt und so genetisch erklärt.

Schon in der Zwischenkriegszeit wurden in der Geographie Stimmen laut, die Landschaft als Räderwerk, als Prozeß, als Kräftespiel verstanden wissen wollten; diese Stimmen verstärkten sich nach dem Zweiten Weltkrieg.

H. Spethmann: Dynamische Länderkunde; Breslau 1928

O. Lehovec: Erdkunde als Geschehen. Landschaft als Ausdruck eines Kräftespiels; Erdkundliches Wissen, Heft 2, Remagen 1953

Die aufkommende funktionale Betrachtungsweise, die - besonders bei den Kulturlandschaften - das (abstrakte) finale Zusammenspiel der Strukturelemente eines Erdraumes verfolgt (L. Waibel, H. Bobek, W. Christaller), tat ein übriges.

So entwickelte sich das traditionelle Landschaftskonzept weiter. Auch J. Schmithüsen sieht auf der letzten Seite (S. 21) seiner zitierten Veröffentlichung die Landschaft als räumliches Wirkungssystem.

Es reifte also nach dem Zweiten Weltkrieg eine neue, von dem traditionellen Landschaftsbegriff sich loslösende Sichtweise der Landschaft - unter Beibehaltung der Bezeichnung - heran, die sich in der Definition von Landschaft durch KH. Paffen im Jahre 1953 ausdrückt (S. 76).

| KH. Paffen (Hrsg.): Das Wesen der Landschaft; Wege der Forschung, Bd. 39, Darmstadt 1973 |

"Die geographische Landschaft ist eine vierdimensionale (raumzeitliche), dynamische Raumeinheit, die aus dem Kräftespiel, sei es physikalisch-chemischer Kausalitäten, unter sich, sei es diese mit vitalen Gesetzmäßigkeiten oder auch geistigen Eigengesetzlichkeiten gepaart, in einer stufenweisen Integration von anorganischen, biotischen und gegebenenfalls kultürlich-sozialen Komplexen als Wirkungsgefügen und Raumstrukturen erwächst."

Erstaunlich ist, wie sorgfältig in dieser Definition der Begriff System vermieden wurde, obwohl inhaltlich praktisch die moderne Gleichsetzung von Landschaft und System erfolgt ist.

— Landschaft als Ganzheit? Dem Begriff Ganzheit kommt eine schillernde Qualität zu. Er wird - und wurde lange - in der Geographie im Sinne der A. von Humboldt'schen Formel vom Totalcharakter einer Erdgegend verstanden - eine Vorstellung, die J. Schmithüsen im Zusammenhang mit dem (traditionellen) Landschaftsbegriff aufgegriffen hat. Angesichts der langen geistesgeschichtlichen Tradition in der Geographie glaubte man, - im Sinne einiger (erläuteter) Inhalte des Begriffes Verstehen als geisteswissenschaftliche, hermeneutische Methode (W. Dilthey) - zumindest auf der Ebene des Gefühls auch Landschaften (wie Gemälde) ganzheitlich - sozusagen mit einem Schlage - erfassen zu können. Bei der Darstellung größerer Erdräume, der Länder, führte diese Richtung zur stereotypen Anwendung der verschiedenen Aspekte der allgemeinen Physischen Geographie und der allgemeinen Kulturgeographie, d.h. zum (noch zu erläuternden) Länderkundlichen Schema. Man wußte - nach der schon skizzierten Einsicht von A. Hettner -, daß man Erdräume als Wirkungsgefüge (Systeme) so nicht erfassen konnte, glaubte aber, dem Totalcharakter einer Erdgegend auf diese Weise - enzyklopädisch - nahezukommen.

Die nicht zu vernachlässigende Auffassung heutiger analytischer Wissenschaftstheorie, vertreten vor allem durch K.R. Popper, kennt nur selektive Erfassung von Ganzheiten im Sinne eines "Mehr als die Summe der Teile", d.h. systemorientiert, als Wirkungsgefüge.

| K.R. Popper: Logik der Forschung; 1. Auflage 1934; 8. Auflage Tübingen 1984 |
| K.R. Popper: Das Elend des Historizismus; 1. Auflage 1960; 6. Auflage Tübingen 1987 |

— Landschaft: idiographisch oder nomothetisch? Zum traditionellen Landschaftsbegriff der Geographie gehört die Zielvorstellung der Erfassung des Totalcharakters der Erdgegenden, wie sie bei der Darstellung größerer Erdräume, der Länder, durch Anwendung des Länderkundlichen Schemas, aber auch - mit spezifischen Gesichtspunkten eingeschränkter Totalität - in den verschiedenen Gliederungen Deutschlands bzw. der Bundesrepublik Deutschland - zum Ausdruck kommt.

Zum traditionellen Landschaftsbegriff in der Geographie gehört die physiognomische Orientierung mit Erfassung der konkreten Inhalte der Landschaften; hinzu kommt ihre genetische Erklärung. Zum traditionellen Landschaftsbegriff in der Geographie gehört auch - und dies drückt sich wiederum sowohl in den Darstellungen der Länder nach dem Länderkundlichen Schema als auch in den verschiedenen Gliederungen Deutschlands bzw. der Bundesrepublik Deutschland aus - die überwiegend additive Aneinanderreihung der Sachverhalte unter weitgehendem Verzicht auf ihre Erfassung als Wirkungsgefüge.

Der traditionelle Landschaftsbegriff in der Geographie ist einer Grundkonzeption des Faches, nämlich der geisteswissenschaftlich-hermeneutischen Richtung, zuzuordnen. Dies wird durch die H. Lautensach'sche Auffassung belegt, daß bei den Ländern es die individuellen Züge - und nur die individuellen Züge - sind, die herauszuarbeiten und darzustellen seien. Dies trifft auch auf die verschiedenen Gliederungen Deutschlands bzw. der Bundesrepublik Deutschland zu. Die kleinen und großen Raumeinheiten, die Landschaften, Landschaftsräume und Länder, - das wird schon durch die Verwendung von Eigennamen wie Lüneburger Heide, Magdeburger Börde, Berlin, Ruhrgebiet, durch J. Schmithüsen, deutlich - wurden idiographisch verstanden. Dafür sei noch ein Beleg aus neuerer Zeit hinzugefügt.

Th. Kraus: Individuelle Länderkunde und räumliche Ordnung; Erdkundliches Wissen, Heft 7, Wiesbaden 1960

Der Landschaftsbegriff, auch heute noch - wenn auch in neuer Ausprägung durch die Systemkonzeption - ein zentraler Begriff des Faches Geographie, hat über das Fach hinaus Verbreitung, meist in verallgemeinerter und verwässerter Form, gefunden.

A. Kamphausen: Schleswig-Holstein als Kunstlandschaft; Neumünster 1973

G. und S. Jellicoe: Die Geschichte der Landschaft; Frankfurt am Main 1988

N. Smuda (Hrsg.): Landschaft (Suhrkamp Taschenbuch 2069); Frankfurt am Main 1986

In der letztgenannten Veröffentlichung haben sich Philosophen, Soziologen, Historiker, Kunsthistoriker und Literaturwissenschaftler zum Thema Landschaft aus Anlaß eines Kolloquiums im Zentrum für interdisziplinäre Forschung an der Universität Bielefeld geäußert. Das Fach Geographie war nicht vertreten.

Geosysteme als Forschungsgegenstand. Wie bei vielen grundlegenden Begriffen der Wissenschaft ist auch der Begriff System nicht eindeutig festgelegt, so daß eine Begriffsklärung notwendig wird.

Eine - umgangssprachlich wie in der Wissenschaft - weit verbreitete Bedeutung des Begriffes ist die von Systematik, Klassifikation, Gliederung, Ordnung.

Wenn umgangssprachlich von politischen Systemen die Rede ist, denkt man überwiegend an deren wirtschaftliche und soziale Ordnung.

In der Wissenschaft, und zwar in der Botanik, ist von C. von Linné (1707-1778) ein System geschaffen worden, genauer eine Systematik, d.h. eine grundsätzliche Zuordnung aller Pflanzen und Tiere zu Arten, Gattungen, Klassen, Ordnungen, die durch eine binäre Nomenklatur gekennzeichnet werden (Heidekraut: calluna vulgaris; Eintagsfliege: ephemera vulgata). Die Zuordnung erfolgt nach morphologischen Kriterien.

Das Periodische System der Elemente gliedert diese nach ihren physikalischen und chemischen Eigenschaften (Aggregatzustand, Gewicht, Leitfähigkeit, Schmelztemperatur, Siedetemperatur etc. etc.) in Gruppen.

Auch in der Geographie ist der Begriff System im Sinne von Gliederung verbreitet.

H. Bobek: Gedanken über das logische System der Geographie; in: Mitteilungen der Österreichischen Geographischen Gesellschaft, Bd. 99, Wien 1957, S. 122-145

J. Schmithüsen: Das System der geographischen Wissenschaft; in: Berichte zur deutschen Landeskunde, 23. Bd., Bad Godesberg 1959, S. 1-14

H. Uhlig: Organisationsplan und System der Geographie; in: Geoforum, Heft 1, Braunschweig 1970, S. 19-52

Alle drei Aufsätze laufen letztlich auf die Gliederung der Geographie in Länderkunde und Allgemeine Geographie hinaus, die wieder in allgemeine Physische Geographie und allgemeine Kulturgeographie unterteilt wird.

Der Bedeutung im Sinne von Systematik, Gliederung, Ordnung, steht der Begriff System als zentraler Begriff der allgemeinen Systemtheorie (General System Theory) gegenüber, als deren Schöpfer L. von Bertalanffy angesehen wird, der aber den gedanklichen Grundansatz auf Überlegungen des Aristoteles und seinen berühmten Satz zurückführt, wonach das Ganze mehr ist als die Summe der Teile.

L. von Bertalanffy: General System Theory. Foundations, Development, Applications; New York 1968

Danach ist ein System eine Menge von Elementen, zwischen denen Wechselbeziehungen bestehen. Oder anders formuliert: es kommt bei einem System im Sinne der allgemeinen Systemtheorie nicht nur auf das Vorhandensein der Elemente an, sondern vor allem auf die Beziehungen, die zwischen ihnen existieren.

Als leicht verständliche Einführungen in die allgemeine Systemwissenschaft seien genannt:

L. Czayka: Systemwissenschaft (UTB 185); München 1974

R. Kurzrock (Hrsg.): Systemtheorie; Berlin 1972 (ein Sammelband)

F. Vester: Unsere Welt - ein vernetztes System; München 1983 (populärwissenschaftlich)

Mit L. Czayka (S. 20 ff) seien zwei Veranschaulichungen des Begriffes System im Sinne der allgemeinen Systemtheorie zitiert: "Ein System besteht aus einer Anzahl von Komponenten, die in der Absicht zusammengesetzt sind, für mehrere Aufgaben eine Lösung zu finden. So ist zum Beispiel ein Tier ein wundervoll zusammengefügtes System aus vielen verschiedenartigen Komponenten, die alle zur Erhaltung des Lebens und seiner Fortpflanzung beitragen" (nach C.W. Churchman).

"Das Wort System verstehen wir hier in einem anderen Sinne als etwa ein Abteilungsleiter, der systematische Arbeit erwartet, oder ein Spieler, der nach System vorgeht. Hier steht dieses Wort für Konnektivität. Wir meinen damit jede Ansammlung miteinander in Beziehung stehender Teile. So ist beispielsweise ein Billardspiel ein System, nicht hingegen die einzelne Billardkugel. Ein Automobil, eine Schere, eine Volkswirtschaft, eine Sprache, das Ohr, eine quadratische Gleichung - das alles sind Systeme" (nach St. Beer).

Es zeigt sich also, daß Systeme - und somit auch Geosysteme - allgegenwärtig sind. In den Erdräumen begegnen uns Systeme in der unbelebten Natur - im Zusammenspiel von Gestein, Wasser, Luft - und in der belebten Natur - jede Pflanze, jedes Tier ist ein System für sich, das wiederum mit der Umgebung Beziehungen unterhält. Auch der Mensch stellt, als biologisches und geistiges Wesen, als Individuum und als Gesellschaft, ein überaus komplexes System dar, das von der Submikro- bis zur Supermakrogrößenordnung reicht; dabei ist nicht nur jeder Mensch für sich ein System, sondern auch seine Beziehungen zur Umwelt und zu anderen Menschen sind systemhafter Natur.

Es sei hier bereits vermerkt, daß sich die allgemeine Systemtheorie, wenn es um die Quantifizierung der Beziehungen geht, im sozialwissenschaftlichen Rahmen schwer anwenden läßt, der Begriff System im sozialwissenschaftlichen Zusammenhang als Leitbegriff anzusehen ist.

| H. Willke: Systemtheorie (UTB 1161); Stuttgart, New York 1982 (Systemtheorie in den Sozialwissenschaften auf qualitativer Ebene) |

Es kann hier nicht darum gehen, in die Systemtheorie einzuführen, weder allgemein, noch was Geosysteme betrifft - die gedanklichen Ansätze stimmen zwangsläufig überein. Einige wenige Grundbegriffe seien aber genannt und erläutert.

Man unterscheidet - zumindest theoretisch - geschlossene und offene Systeme. Ein geschlossenes System steuert sich selbst, ein offenes nicht.

Stellt man sich z.B. einen Fisch vor, dann ist man zunächst geneigt, ihn als geschlossenes System aufzufassen: seine Organe, nach außen durch die Haut abgegrenzt, wirken zur Lebenserhaltung und Fortpflanzung als System zusammen. Nimmt man einen Fisch aus dem Wasser, so geht er ein; es wird deutlich, daß es sich um ein offenes System handelt, das aus dem ihn umgebenden Wasser seine Nahrung und den Sauerstoff erhält, über das Wasser seine Fortpflanzung vollzieht; seine Bewegungsorgane sind auf das Wasser abgestimmt.

Bei einem technischen System, wie es ein Kraftfahrzeug darstellt, könnte man ebenfalls zunächst an ein geschlossenes System denken: wirft man den Motor an, so läuft er selbständig, im Zusammenspiel der Teile. Die nächste Überlegung macht jedoch deutlich, daß dem Motor Verbrennungssauerstoff, aus dem Tank Kraftstoff, zugeführt werden muß.

Auch ein gemischt human-technisches System, ein Kraftfahrzeug mit Fahrer, stellt kein geschlossenes System dar: erreicht dieses Fahrzeug die nächste Ampel, so wird es durch Einflüsse von außen gesteuert.

Eine Heizung mit Thermostat wird vielfach als Beispiel für ein geschlossenes System angeführt: nachdem ein Sollwert eingestellt ist, regelt der Thermostat selbständig die Zufuhr von Wärme. Jedoch: die Raumtemperatur, die es zu erhalten gilt, wird nicht nur durch die Zufuhr von Wärme über Leitungen beeinflußt, sondern in erster Linie durch die Temperatur der Umgebung des Raumes.

So drängt sich die Frage auf, ob es überhaupt geschlossene Systeme in der Wirklichkeit gibt. Dazu ein letztes Beispiel.

Auf den ersten Blick könnte man die Erde, die ja nach außen, zum Weltraum hin, durch die Atmosphäre abgeschirmt ist, als geschlossenes System ansehen. Aber selbst vorwissenschaftliche Erfahrung macht klar, daß das Geschehen auf der Erde durch die Strahlung der Sonne, von außerhalb, eben aus dem Weltraum, tiefgreifend gesteuert wird. Es gibt also in der Wirklichkeit der Erdräume keine geschlossenen Systeme; ihre Vorstellung ist eine Abstraktion, die heuristischen Zwecken dient.

Systeme zeichnen sich durch das Zusammenspiel ihrer Teile als Prozeß aus. Solche Prozesse können sich auch langfristig, als Evolution oder Entwicklung, abspielen, d.h. viele Systeme sind dynamische Systeme.

Ein Bakterienbestand, dessen bestandsbildende Anzahl sich in bestimmten zeitlichen Abständen verdoppelt, ist ein solches, in der Entwicklung einseitig gerichtetes, dynamisches System.

Die Tierpopulation einer Insel, die je nach Nahrungsangebot in einem Jahr zu-, in dem nächsten Jahr abnimmt, also um einen Zustand ungefähren Gleichgewichts mit dem Nahrungsangebot schwankt, ist ein dynamisches System.

Auch die Entwicklung des Menschen, als Menschheit insgesamt, wie einzelner Gruppen, ist ein dynamisches System, wobei sich diese Entwicklung nicht immer gleichmäßig aufwärts, sondern in Sprüngen, mit Rückschlägen, als Wachstums- oder Schrumpfungsprozeß, vollzieht.

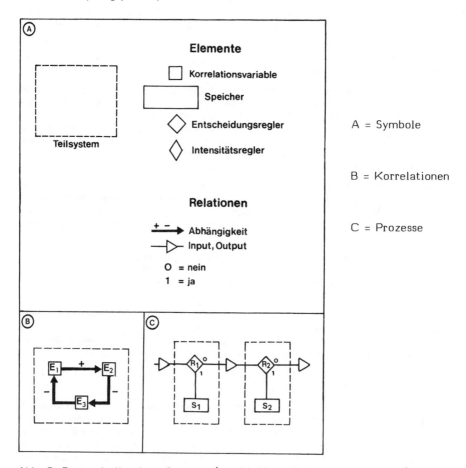

Abb. 3: Bestandteile eines Systems (aus H. Klug, R. Lang, 1983, S. 28)

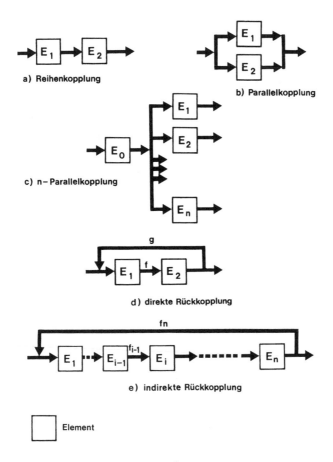

Abb. 4: Kopplungsarten in einem System (aus H. Klug, R. Lang, 1983, S. 26)

Zur vereinfachten, schematischen Darstellung der verschiedenen Bestandteile eines Systems, seiner Elemente und ihrer Beziehungen, verwendet man Symbole. Mit unterschiedlichen geometrischen Figuren - Rechtecken, Quadraten, Kreisen etc. etc. - können unterschiedliche Qualitäten der Systemelemente zum Ausdruck gebracht werden. Auch Regler und Speicher können so abgebildet werden (Abb. 3).

Besonders wichtig ist das Aufzeigen der Beziehungen: sie werden - schematisiert und qualitativ - durch Linien mit Pfeilen, durchgezogene, gerissene, gepunktete etc. etc. wiedergegeben, wobei meist komplizierte graphische Gebilde entstehen (Abb. 5). Durch Variation der Liniendarstellung können die unterschiedlichsten Beziehungen repräsentiert werden (Abb. 4, Abb. 5). Es gibt verschiedene Kopplungsarten: Reihenkopplung, Parallelkopplung, Rückkopplung, bei der negative und positive Rückkopplungen - die thermostatische Regelung der Heizung ist eine negative Rückkopplung - unterschieden werden. Die Inputs und Outputs der Systemelemente werden durch Pfeile oder Dreiecke graphisch dargestellt (Abb. 4). So erhält man einen Eindruck von der Beziehungsdichte als Maß für die Vernetzung und damit dem Vernetzungstyp.

Es sei darauf hingewiesen, daß derartige, schematisierte Darstellungen von Systemen die Beziehungen zwischen ihren Elementen qualitativ - nicht wie es letztlich das Ziel naturwissenschaftlicher empirischer Forschung ist, quantitativ - zum Ausdruck bringen.

Als Einführungen in den Systemansatz im Fach Geographie seien genannt:

H. Leser: Geographie (Das Geographische Seminar); Braunschweig 1980; S. 49 ff und S. 89 ff

H. Klug, R. Lang: Einführung in die Geosystemlehre; Darmstadt 1983

Sowohl H. Leser als auch H. Klug, R. Lang gehen hauptsächlich auf Geosysteme physischer/physikalischer Ausprägung (Geophysiosysteme) im naturwissenschaftlichen Rahmen ein (Abb. 5).

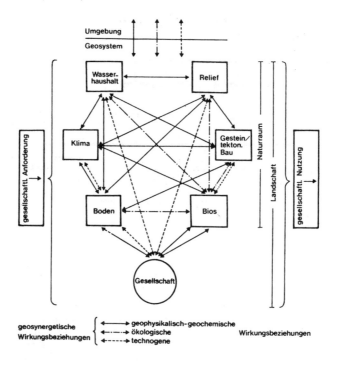

Abb. 5: Geosystem physischer Ausprägung (aus H. Klug, R. Lang, 1983, S. 6)

Die Auseinandersetzung mit der Anwendungsmöglichkeit allgemeiner Systemtheorie auf Geosysteme gesellschaftlicher/sozialer Ausprägung (Geosoziosysteme) steht, selbst wenn es um ihre schematisierte Darstellung geht, noch weitgehend dahin.

Für die naturwissenschaftlich ausgerichtete Physische Geographie stellt sich die Aufgabe, über die Erfassung des Umsatzes von Wärme, Energie, Wasser, gasförmiger und gelöster anorganischer Substanz, klastischer anorganischer Substanz und organischer Substanz, die Beziehungen zwischen den Systemelementen quantitativ, im Sinne von Bilanzierungen, in den Griff zu bekommen.

> O. Fränzle: Physische Geographie als quantitative Landschaftsforschung; in: R. Stewig (Hrsg.): Beiträge zur geographischen Landeskunde und Regionalforschung in Schleswig-Holstein; Schriften des Geographischen Instituts der Universität Kiel, Bd. 37, Kiel 1971, S. 297-312

Bei dieser Aufgabenstellung und der Gleichsetzung von Landschaft mit (Geo-) System kann auch weiter von Landschaft gesprochen und geschrieben werden.

Was die Anwendung der Systemtheorie auf gesellschaftliche/soziale Phänomene angeht, so liegen einige Überlegungen zu einer integrierenden geographischen Betrachtungsweise im Zusammenhang mit (angewandter) Kulturgeographie vor.

> W. Moewes: Integrierende geographische Betrachtungsweise und Angewandte Geographie; in: Geoforum, Heft 7, Braunschweig 1971, S. 55-68
>
> W. Moewes: Grundfragen der Lebensraumgestaltung. Raum und Mensch, Prognose, "Offene Planung" und Leitbild; Berlin, New York 1980

Angesichts der Schwierigkeiten quantitativer Erfassung gesellschaftlicher Verhältnisse - besonders wenn man an das Problem angemessener quantitativer Erfassung der Bewußtseinsinhalte denkt -, sind Zweifel angebracht, ob das im naturwissenschaftlichen Rahmen so erstrebenswerte Ziel der Quantifizierung im sozialwissenschaftlichen Rahmen auf alle Bereiche überhaupt angewendet werden sollte.

Fragt man nach der Bedeutung des Systemansatzes in den Wissenschaften und damit nach der Bedeutung der Beschäftigung mit Geosystemen, im naturwissenschaftlichen und sozialwissenschaftlichen Rahmen, dann kann die Antwort dahingehend lauten, daß durch die Anwendung der Systemtheorie eine Brücke zwischen Natur- und Sozial-, vielleicht auch Geisteswissenschaften geschlagen werden kann, und zwar aufgrund der Allgegenwart von Systemen in der unbelebten Natur, der belebten Natur und der Gesellschaft. Allerdings muß wiederum darauf hingewiesen werden, daß die Anwendung der quantifizierenden Richtung des Systemansatzes in den Naturwissenschaften, nur bedingt in den Geistes- und Sozialwissenschaften vertretbar und möglich erscheint.

In der Geographie systematisiert der Systemansatz die wissenschaftliche Beschäftigung mit den schon lange als existent erkannten Wirkungsgefügen der Erdräume in der unbelebten Natur, der belebten Natur, im Bereich des Menschen und auch übergreifend über Natur- und Kulturlandschaften im regionalgeographischen, länderkundlichen Zusammenhang. Dabei ist die systemare Erfassung der Erdräume als Geosysteme sowohl unter nomothetischen als auch idiographischen Gesichtspunkten prinzipiell möglich.

Im einzelnen aber türmen sich noch große Schwierigkeiten auf. Die Konstruktion von schematischen Geosystemmodellen birgt die Gefahr der Reduktion der Wirklichkeit auf ein unangemessen verkürztes Abbild - eine Gefahr, die vom mechanistischen Weltbild der klassischen Naturwissenschaften bekannt ist. Die Bewältigung des Problems der großen Zahl der Beziehungen zwischen den Systemelementen, selbst wenn man nicht darangeht, Weltsysteme zu konstruieren, kann auch unter Einsatz moderner elektronischer Datenverarbeitung nicht als gelöst betrachtet werden. Bei dynamischen Systemen steht die Möglichkeit der Prognose künftiger Entwicklungen noch aus, wenn man über die Verlängerung bekannter Trends hinausgehen und eine neue Qualität voraussagen will.

Die Umbruchsituation. In den vorangegangenen Abschnitten über den traditionellen Landschaftsbegriff und Geosysteme in der Geographie wurde ein wesentlicher Aspekt des Umbruchs des Faches, wie er sich nach dem Zweiten Weltkrieg vollzogen hat, gekennzeichnet. Dabei handelt es sich weniger um einen Wechsel des Forschungsgegenstandes - wenn man ihn als die Wirklichkeit der Erdräume definiert, besteht er unverändert fort - als vielmehr um die Änderung der Sichtweise dieses Forschungsgegenstandes: erahnte man in der ersten Hälfte des 20. Jahrhunderts im Fach Geographie die Existenz von Wirkungsgefügen in den Erdräumen, so wurde deren Untersuchung als solche zum hauptrangigen Ziel erhoben.

Damit gingen weitere Veränderungen im Fach Geographie einher, die zum Teil bereits angedeutet worden sind und die zusammen erst die volle Umbruchsituation ausmachen, so daß man vielleicht klassische und moderne Geographie gegenüberstellen kann.

| E. Lichtenberger: Klassische und theoretisch-quantitative Geographie im deutschen Sprachraum; in: Berichte zur Raumforschung und Raumplanung; Österreichische Gesellschaft für Raumforschung und Raumplanung; 22. Jg., Wien, New York 1978, S. 9-20 |

Ein weiterer Aspekt der Umbruchsituation ist der der sogenannten quantitativen Revolution (vgl. H. Leser, 1980, S. 111-122).

| E. Giese: Entwicklung und Forschungsstand der "Quantitativen Geographie" im deutschsprachigen Bereich; in: Geographische Zeitschrift, 68. Jg. Wiesbaden 1980, S. 256-283 |

| I. Burton: Quantitative Revolution und theoretische Geographie; in: D. Bartels (Hrsg.): Wirtschafts- und Sozialgeographie; Köln, Berlin 1970, S. 95-109 |

Von einigen Wissenschaftlern (I. Burton, E. Giese, E. Lichtenberger) wird eine enge Beziehung zwischen quantitativer und theoretischer Richtung geknüpft, was nicht notwendigerweise der Fall zu sein braucht.

Quantitatives Arbeiten heißt: Anwendung mathematisch-statistischer Verfahren. Grundlage dafür sind Daten, die von den Naturwissenschaften durch Meßtechnik, in den Sozialwissenschaften durch Befragungstechnik gewonnen werden.

Daß man sich in den Naturwissenschaften und in der naturwissenschaftlich orientierten Physischen Geographie bemüht, möglichst exakte Daten der verschiedenen Naturphänomene zu erhalten, ist nichts Neues. Eher schon ist als neu anzusehen, wenn man auch die Beziehung zwischen den Sachverhalten/Systemelementen zu quantifizieren versucht. Die Physische Geographie hat sich - zum Teil sogar unter Berücksichtigung des dynamischen Aspektes - dieses Ziel gesetzt und Wege auf dieses Ziel hin zu beschreiten begonnen.

Von einer quantitativen Revolution kann man in der Kulturgeographie sprechen, insofern nämlich, als - im sozialwissenschaftlichen Teilbereich - mit der Übernahme mathematisch-statistischer Verfahren aus der empirischen Soziologie eine Mathematisierung eingesetzt hat, wie es sie zuvor in der Kulturgeographie nicht gegeben hat. Mit der Anwendung mathematisch-statistischer Verfahren ist im sozialwissenschaftlichen Teilbereich der Kulturgeographie - wie in der naturwissenschaftlich orientierten Physischen Geographie auch - der Einsatz elektronischer Datenverarbeitung verbunden.

Möglichkeiten und Grenzen der Anwendung mathematisch-statistischer und qualitativer Verfahren in den Sozialwissenschaften werden diskutiert. Je nach Standpunkt schneiden dabei die Verfahren unterschiedlich ab.

K. Niedzwetzki: Möglichkeiten, Schwierigkeiten und Grenzen qualitativer Verfahren in den Sozialwissenschaften. Ein Vergleich zwischen qualitativer und quantitativer Methode unter Verwendung empirischer Ergebnisse; in: Geographische Zeitschrift, 72. Jg. Stuttgart 1984, S. 65-80

Sicherlich ist der Mensch in gewissem Umfang quantitativer Erfassung zugänglich, und zwar auch was seine Verhaltensweisen angeht, die in kleineren und größeren Gruppen Regelhaftigkeiten erkennen lassen. Aber wenn es um die Erfassung der Bewußtseinsinhalte der Menschen geht, die für seine Entscheidungen und damit auch seine Verhaltensweisen von grundlegender Bedeutung sind, finden sich die Sozialwissenschaften mit einer ganz anderen Qualität von Wirklichkeit konfrontiert als die Naturwissenschaften. Dessen sollten sich die Anhänger quantitativer Verfahren in der sozialwissenschaftlich orientierten Kulturgeographie bewußt sein. Auf der Erklärungsebene und im Bewertungszusammenhang müssen die durch mathematisch-statistische Verfahren gewonnenen Ergebnisse einer Interpretation, einer Bedeutungsklärung im größeren Rahmen, der gerade für die Kulturgeographie wichtig ist und zur Sinngebung führt, unterzogen werden.

Es kann in der Geographie nicht von einer theoretischen Revolution gesprochen werden, obwohl nach dem Zweiten Weltkrieg verstärkt begonnen wurde, das traditionelle Theoriedefizit des Faches abzutragen.

Der Begriff Theorie - bisher wurden harte und weiche Theorien unterschieden, die auf Annahmen und Schlußfolgerungen bzw. auf Verallgemeinerungen von Erfahrungswerten basieren - wird hier in doppeltem Sinne gebraucht.

Einerseits sind - ob weiche oder harte Theorien spielt dabei keine Rolle - Behauptungen und Aussagen gemeint, die - der Wirklichkeit gegenübergestellt - als Beurteilungsmaßstäbe dienen können. Dazu bedarf es nicht unbedingt des Einsatzes mathematisch-statistischer Verfahren; auch qualitative Aussagen haben ihren theoretischen Wert wie die (qualitativen) Idealtypen von M. Weber (beispielsweise der antiken Stadt, der nordeuropäischen Stadt, der südeuropäischen Stadt) erkennen lassen.

Wichtig ist, daß es solche Beurteilungsmaßstäbe in Gestalt von Theorien oder Modellen gibt, die mit der Wirklichkeit konfrontiert werden, weil auf diese Weise die Einzelfakten aus dem idiographischen Chaos herausgehoben werden können, was zu einer Anhebung des wissenschaftlichen Niveaus führt. Theorie als Bedingung wissenschaftlichen Arbeitens (D. Bartels) steht auch der Geographie gut; sie sollte stärker als bisher ihre Rolle spielen.

Die Entwicklung fachspezifischer Theorien der Geographie, sei es der allgemeinen Physischen Geographie, sei es der allgemeinen Kulturgeographie, ist nicht weit gediehen; vielfach werden Anleihen bei benachbarten natur- und sozialwissenschaftlichen Fächern gemacht. Wichtiger als ihre Herkunft ist jedoch der Einsatz von Theorien in der Geographie.

Wenn man sich im deutschen Sprachraum nach einem Kompendium funktionstüchtiger Theorien und Modelle umsieht, so muß man feststellen, daß auch in dieser Hinsicht ein Defizit besteht. Deshalb sei hier auf eine englisch-sprachige Veröffentlichung hingewiesen, die Modelle - die Bezeichnung Theorie wird im Englischen wegen zu starker Sinnüberfrachtung vermieden - nicht nur für die Physische Geographie, sondern auch für die Kulturgeographie, speziell die Wirtschafts- und Sozialgeographie, zusammenstellt; darüber hinaus gibt es auch übergreifende, systemorientierte Modelle.

R.J. Chorley, P. Haggett (Hrsg.): Physical and Information Models in Geography; London 1969

R.J. Chorley, P. Haggett (Hrsg.): Socio-economic Models in Geography; London 1968

R.J. Chorley, P. Haggett (Hrsg.): Integrated Models in Geography; London 1970

Andererseits kann man unter Theorie (eines Faches) die Auseinandersetzung mit seiner wissenschaftstheoretischen Einordnung, den Forschungs- und Darstellungskonzeptionen und ihrer Entwicklung und den fachtypischen Methoden verstehen.

Auch in dieser Hinsicht hat das Fach Geographie - letztendlich aufgrund der langandauernden, dominierenden, idiographischen Orientierung - Defizite abzutragen. Angesichts des sich im Zuge von Neuorientierungen ergebenden Pluralismus der Standpunkte ist deshalb eine solche theoretische Geographie wünschenswert, gerade auch im Hinblick auf die methodisch so schwierige wissenschaftliche Beschäftigung mit dem Menschen, seinen Verhaltensweisen und seinen erdräumlichen Beziehungen. So überrascht es nicht, wenn bisherige Bemühungen um die Gewinnung von theoretischen Grundpositionen in der Kulturgeographie noch weit auseinanderliegen.

D. Bartels: Zur wissenschaftstheoretischen Grundlegung einer Geographie des Menschen; Geographische Zeitschrift, Beihefte, Wiesbaden 1968

E. Wirth: Theoretische Geographie. Grundzüge einer Theoretischen Kulturgeographie (Teubner Studienbücher Geographie); Heidelberg 1979

Die heutige Umbruchsituation im Fach Geographie besteht auch darin, eine Gegenposition zu der allzu lange bestehenden Dominanz der idiographischen Richtung aufzubauen, die vor allem in der Länderkunde, mit ihrem erklärten Ziel, nur die individuellen Züge der Länder herauszuarbeiten zum Ausdruck kam.

So mag es nicht verwundern, wenn nach dem Zweiten Weltkrieg zuerst von nordamerikanischer Seite (F.K. Schaefer, 1953), dieser "Exzeptionalismus" in der Geographie, und besonders in der Länderkunde, bekämpft wurde.

F.K. Schaefer: Exzeptionalismus in der Geographie: Eine methodologische Untersuchung; in: D. Bartels (Hrsg.): Wirtschafts- und Sozialgeographie; Köln, Berlin 1970, S. 50-65

Der Ausbau einer anti-idiographischen Richtung - auch in der deutschen Geographie - führte sogar soweit, daß auf dem 39. Deutschen Geographentag in Kiel 1969 die Abschaffung des länderkundlichen Zweiges der Geographie als theorielos und deshalb unwissenschaftlich gefordert wurde.

Auf dieses Thema wird noch im Kapitel über das Problem der Länderkunde in der Geographie ausführlich einzugehen sein.

Zur Umbruchsituation im Fach Geographie gehört auch, daß mit dem Aufkommen der Systemorientierung - dies ergibt sich zwangsläufig aus dem Wandel von der Landschaft zum Geosystem - die konkreten Gegenstände als Erscheinungsformen der Erdräume eine deutliche Abwertung erfuhren: mit den Beziehungen, die zwischen den - auch konkreten - Systemelementen bestehen, werden abstrakte Sachverhalte stärker in der Geographie beachtet, sowohl was die Natur- als auch die Kulturlandschaften angeht. Bereits vor dem Zweiten Weltkrieg war, so durch H. Spethmann, gefordert worden, die Erdräume in ihrem Kräftespiel zu sehen und nach den wirkenden Kräften zu forschen. Damit setzt die Abwertung der zuvor, um die letzte Jahrhundertwende, durch O. Schlüter (1872-1959) stark aufgekommenen physiognomischen Richtung ein. Die Landschaft wird nun zur Registrierplatte von Prozessen; die konkreten Erscheinungen der Landschaften werden zu Indikatoren der unsichtbaren Vorgänge bzw. Verhaltensweisen der Menschen.

W. Hartke: Gedanken über die Bestimmung von Räumen gleichen sozialgeographischen Verhaltens; in: Erdkunde, Bd. 13, Bonn 1959, S. 426-436

Auf dem Wege zu einem wissenschaftlichen Pluralismus der Grundpositionen im Fach Geographie nach dem Zweiten Weltkrieg als weiterem Kennzeichen der Umbruchsituation konnte es - sinnvollerweise - nicht ausbleiben, daß sich Kräfte regten, um die geisteswissenschaftlich-hermeneutische Position nicht untergehen zu lassen.

J. Pohl: Geographie als hermeneutische Wissenschaft. Ein Rekonstruktionsversuch; Münchener Geographische Hefte, Nr. 52, Kallmünz/Regensburg 1986

Es muß hier betont werden, daß diese Richtung innerhalb der (Kultur-)Geographie nicht als Residuum alter Tradition anzusehen ist. In dem vorangegangenen Kapitel über die Geographie im Bedingungszusammenhang von Wirklichkeit und Wissenschaft wurde die Auffassung vertreten, daß bei der Beschäftigung mit der Wirklichkeit der Erdräume deren Differenziertheit Rechnung zu tragen ist. Das heißt auch, daß der Mensch als eine eigene Qualität zu berücksichtigen ist, die sich von der Qualität der Natur einerseits und der Qualität des Geistes andererseits unterscheidet.

Bis zu einem gewissen Grade ist auch der Mensch vermeßbar und lassen seine Verhaltensweisen - in kleinen und großen Gruppen - Regelhaftigkeiten erkennen; das wurde bereits mehrmals festgestellt und anerkannt. Aber es wurde auch deutlich gemacht, daß es zur Qualität des Menschen gehört, daß seine Bewußtseinsinhalte - wenn überhaupt - dann nicht exakt zu erfassen sind, und daß er ein Bedürfnis nach Sinngebung seiner räumlichen Bezüge aufzuweisen hat. Daraus ergibt sich, daß die Verwendung mathematisch-statistischer Verfahren auf sozialwissenschaftlicher Ebene nicht das letzte Wort in der Kulturgeographie sein kann, sondern daß es der sinnstiftenden Interpretation des objektivierten Geistes des Menschen in den Kulturlandschaften und der mittels mathematisch-statistischer Verfahren gewonnenen Daten umfangreich bedarf. Die Erdräume sind als Lebenswelten des Menschen, als Heimat und Welt, sehr wohl hermeneutischer Wissenschaft zugänglich und bedürftig.

Schließlich sollte nicht vergessen werden, daß zur traditionellen Geographie der ersten Hälfte des 20. Jahrhunderts die Monodisziplinarität gehörte. Man glaubte in der Geographie mit der Landschaft und dem Land einen ureigenen Forschungsgegenstand zu besitzen und schottete sich gegenüber Nachbarfächern ab. Die alte, aus dem Mittelalter stammende Schubfächer-Organisation der Wissenschaften verstärkte noch die scharfe Grenzziehung (aller Fächer).

Mit der aufkommenden Einsicht in die Existenz von Wirkungsgefügen - im Fach Geographie der Erdräume - erkannte man die Notwendigkeit, die Grenzen des eigenen Faches mindestens auf der Bedingungs- und Erklärungsebene zu überschreiten. Mit der Etablierung und zunehmenden Verbreitung der Systemtheorie/Systemkonzeption in den Wissenschaften erfolgt allmählich eine planmäßige Öffnung zu den Nachbarfächern, wenn auch eine wirklich interdisziplinäre - und nicht multidisziplinäre - Zusammenarbeit vielfach noch aussteht.

Im Fach Geographie haben sich die Teildisziplinen der allgemeinen Physischen Geographie gegenüber naturwissenschaftlichen Nachbardisziplinen geöffnet. Auch bei den Teildisziplinen der allgemeinen Kulturgeographie ist eine Öffnung zu den Sozialwissenschaften hin, ja eine Übernahme zahlreicher Methoden und Theorien/ Modelle, erfolgt.

Wenn sich diese Entwicklung fortsetzt, dürfte das alte Postulat der traditionellen Geographie, nämlich das von der Einheit des Faches, das die Physische Geographie **und** die Kulturgeographie umgreift, auch im deutschen Sprachraum zur Diskussion stehen.

E. Winkler (Hrsg.): Probleme der Allgemeinen Geographie; Wege der Forschung, Bd. 299; Darmstadt 1975

Die Bindestrich-Geographien: allgemeine Physische Geographie und allgemeine Kulturgeographie

Die nachfolgenden Ausführungen sollen einen Überblick über die Allgemeine Geographie geben; ein ebenso wichtiges Anliegen ist es, darzulegen, worin bei den Teildisziplinen der Allgemeinen Geographie die Abweichungen von und Übereinstimmungen mit den Nachbarwissenschaften bestehen.

Bei den Forschungsgegenständen der Physischen Geographie und der Kulturgeographie sowie ihren Nachbardisziplinen soll versucht werden, jeweils von der vorwissenschaftlichen Erfahrung ausgehend zu den wissenschaftlichen Fragestellungen hinzuführen. Vorwissenschaftliche Erfahrung ist das, was dem Interessierten an erdräumlicher Wirklichkeit auf der Schule, in seinem Lebensraum, auf Reisen in die nahe und ferne Umgebung und in den Medien begegnet ist und begegnet.

Über diese Ansätze hinaus soll der Versuch unternommen werden, zu einer Beurteilung der wichtigsten Teildisziplinen der allgemeinen Physischen Geographie und der allgemeinen Kulturgeographie zu gelangen. Beurteilungsmaßstab ist der Grad des Umbruchs, d.h. wieweit die Teildisziplinen der Allgemeinen Geographie den Umbruch bereits vollzogen haben bzw. auf dem Wege sind, ihn zu vollziehen.

Im Rahmen der allgemeinen Physischen Geographie soll auf die wichtigsten Teildisziplinen eingegangen werden: die Geomorphologie bzw. - um eine Bindestrichbezeichnung zu wählen - die Relief-Geographie, die Klima-Geographie (Klimatologie), die Vegetations-Geographie (Pflanzen-Geographie) und - als neuer Zweig - die Landschafts-Ökologie, während auf andere Teildisziplinen (Boden-Geographie, Hydrologie/Gewässer-Geographie, Glaziologie/Schnee- und Gletscher-Geographie, Tier-Geographie, Ozeanographie/Geographie der Meere) nur Literaturhinweise gegeben werden.

Auch im Rahmen der allgemeinen Kulturgeographie soll auf die wichtigsten Teildisziplinen eingegangen werden: die Bevölkerungs-Geographie, die Siedlungs-Geographie, die Wirtschafts-Geographie und - als neuer Zweig - die Sozial-Geographie, während auf andere Teildisziplinen (Verkehrs-Geographie, Fremdenverkehrs-Geographie/Geographie des Freizeitverhaltens, Politische Geographie, Religions-Geographie) nur Literaturhinweise gegeben werden.

Als umfassendste Veröffentlichungsreihe zum Thema allgemeine Physische Geographie und allgemeine Kulturgeographie ist das Lehrbuch der Allgemeinen Geographie zu nennen, das (1989) folgenden Stand erreicht hat:

Lehrbuch der Allgemeinen Geographie

Begründet von E. Obst. Fortgeführt von J. Schmithüsen

Bd. 1: H. Louis, K. Fischer: Allgemeine Geomorphologie; Textteil, Bilderteil; 4. Auflage Berlin, New York 1979

Bd. 2: J. Blütgen, W. Weischet: Allgemeine Klimageographie; 3. Auflage Berlin, New York 1980

Bd. 3, Teil 3: F. Wilhelm: Schnee- und Gletscherkunde; 1. Auflage Berlin, New York 1975

Bd. 4: J. Schmithüsen: Allgemeine Vegetationsgeographie; 3. Auflage Berlin 1968

Bd. 5, Teil 1 und 2: H.G. Gierloff-Emden: Geographie der Meere. Ozeane und Küsten; 1. Auflage Berlin, New York 1980

Bd. 6: G. Schwarz: Allgemeine Siedlungsgeographie; Teil 1: Die ländlichen Siedlungen. Die zwischen Stadt und Land stehenden Siedlungen; Teil 2: Die Städte; 4. Auflage Berlin, New York 1989

Bd. 7: E. Obst, G. Sandner: Allgemeine Wirtschafts- und Verkehrsgeographie; 3. Auflage Berlin 1969

Bd. 8: M. Schwind: Allgemeine Staatengeographie; 1. Auflage Berlin, New York 1972

Bd. 10: E. Imhof: Thematische Kartographie; 1. Auflage Berlin, New York 1972

Bd. 11: S. Schneider: Luftbild und Luftbildinterpretation; 1. Auflage Berlin, New York 1974

Bd. 12: J. Schmithüsen: Allgemeine Geosynergetik. Grundlagen der Landschaftkunde; 1. Auflage Berlin, New York 1976

Angekündigt:

Bd. ?: J. Bähr, Chr. Jentsch, W. Kuls: Bevölkerungsgeographie

Bd. ?: Sozialgeographie

Allgemeine Physische Geographie. Während es bei der allgemeinen Kulturgeographie eine ganze Reihe alternativer Bezeichnungen gibt, ist dies bei der allgemeinen Physischen Geographie nicht der Fall, nur die sprachliche Abwandlung Physiogeographie ist üblich. Denkbar wäre auch die Bezeichnung Naturgeographie - im Gegensatz zur Kulturgeographie -, sie ist jedoch nicht im Gebrauch.

Geomorphologie / Reliefgeographie. Bei einigen Teildisziplinen der Physischen Geographie bestehen so enge Beziehungen zu Nachbarwissenschaften - bei der Klimageographie zur Meteorologie, bei der Vegetationsgeographie zur Botanik -, daß sie mit einigem Recht als Mutterwissenschaften bezeichnet werden können. Diese Situation ist bei der Geomorphologie nicht gegeben; ihr kommt eine größere Selbständigkeit zu, was nicht ausschließt, daß auch sie Forschungsergebnisse von Nachbarwissenschaften berücksichtigt. So wie es im Laufe der Entwicklung des Faches Geographie zur Abspaltung und Verselbständigung der Astronomie und der Geologie gekommen ist, wird sich möglicherweise auch die Geomorphologie in einer nicht zu fernen Zukunft verselbständigen.

Der Forschungsgegenstand der Geomorphologie ist das Relief der Erde. Das Relief ist die Grenzfläche zwischen Erdoberfläche und Atmosphäre. Sicherlich gibt es auch zwischen Meer und Atmosphäre eine solche Grenzfläche - und bei entsprechendem Seegang kann ein ausgeprägtes und bewegtes Relief entstehen -, die Geomorphologie aber befaßt sich mit dem Relief des festen Landes.

Das Relief der Erde ist vorwissenschaftlicher Erfahrung zugänglich, sogar verschiedene Größenordnungen lassen sich unterscheiden.

Aus Schulatlanten und Wandkarten ist das Großrelief der Erde bekannt, es ist geprägt durch die zwei großen Gebirgszüge, die sich - in der Alten Welt ostwestlich, in der Neuen Welt nord-südlich - um die Erde erstrecken, und die zahlreichen großen Ebenen, die sich in Europa, Asien, Afrika, Amerika und Australien ausdehnen.

Auf Reisen erfährt man den Relief-Dreiklang Deutschlands: das norddeutsche Flachland, die deutschen Mittelgebirge und den deutschen Alpenraum.

Selbst in dem sich nicht durch große Reliefenergie auszeichnenden Schleswig-Holstein lassen sich deutliche Reliefunterschiede feststellen: die flache Marsch im Westen und der flache Teil der Geest in der östlichen Mitte, das Hügelland im Osten und die kuppige Geest in der westlichen Mitte.

Jedem Touristen ist die Existenz von flachen und steilen Abschnitten an den Küsten Europas bekannt.

Auch bei geringeren erdräumlichen Größenordnungen treten spezifische Reliefformen zu Tage: sanfte und steile Hänge, Mulden und Kessel, Karren und Grate, die beim Wandern, Radfahren oder Bergsteigen unterschiedlichen Widerstand entgegensetzen.

Die Geomorphologie ist bemüht, den Formenschatz der Erde, die großen und kleinen Formen, die ja - über längere Zeiträume - einer Entwicklung unterliegen, zu erklären. Die Geomorphologie beschäftigt sich mit der unbelebten Natur; aber die erdräumlichen Formen werden auch durch die Vegetation und durch den Menschen beeinflußt. Der Mensch trägt Berge ab (z.B. beim Erzabbau), schafft tiefe Gruben (z.B. im Braunkohletagebau), schüttet Flächen auf (z.B. durch Sandaufspülungen), legt Dämme an (z.B. als Deiche oder Verkehrswege); aber mit diesem anthropogenen Formenschatz befaßt sich die Geomorphologie nicht.

Prozesse erdräumlicher Formengestaltung sind Geomorphologen wie Laien durch Beobachtung zugänglich.

An steilen Küstenabschnitten, die aus Lockermaterial aufgebaut sind, ist Abtragung beobachtbar, an anderen, flachen Küstenabschnitten Ab- und Anlagerung; in beiden Fällen entstehen - dynamisch - spezifische Abtragungs- und Ablagerungsformen.

In Hochgebirgen ist unmittelbar anzuschauen, wie auf Gletschern und vor Gletschern Material langsam zu Tal transportiert wird: aus der formprägenden Kraft des sich bewegenden Eises resultiert ein eigener, glazigener Formenschatz.

In Gebirgen wie Ebenen schafft das abfließende Wasser ebenfalls einen eigenen, fluviatilen Formenschatz; an Flüssen treten dort, wo sie auf festes Gestein treffen, Prallhänge auf, gegenüber Gleithänge, wo das transportierte Material abgelagert wird, so daß bestimmte Talformen entstehen; in Ebenen, wo die Fließkraft des Wassers erlahmt, verändert sich der gerade oder nur wenig gekrümmte Flußlauf zu Mäandern.

In anderen Ebenen, Wüsten z.B., kann lockeres Material, Sand, durch Wind verweht, zu bestimmten Formen, Dünen, abgelagert, angehäuft und immer wieder umgelagert werden.

In Karstlandschaften bewirkt die Kraft des den Kalk lösenden Wassers einen bisweilen skurrilen oberirdischen und auch unterirdischen Formenschatz: Karren, Poljen, Dolinen und Karsthöhlen.

Die Rollen der Gesteinsbeschaffenheit, des Eises, des Wassers und des Windes bei der Gestaltung des erdräumlichen Formenschatzes machen deutlich, daß die Geomorphologie Erkenntnisse von Nachbarwissenschaften, der Mineralogie, der Geologie, der Hydrologie, auch der Meteorologie und Chemie, zu Rate ziehen muß.

Im Laufe der Entwicklung der Geomorphologie hat man sich nicht nur abwechselnd mit den großen und kleinen Formen der Erde auseinandergesetzt, sondern auch die Erklärungen in unterschiedlichen Richtungen gesucht.

In einer frühen Phase der Geomorphologie, in der man sich mit den Großformen der Erde beschäftigte, lag es nahe - weil Gebirge durch innenbürtige, endogene Kräfte der Erde entstehen -, die Gebirgsbildung auf Gesteinsbewegungen der Erdkruste, die Tektonik, zurückzuführen, die Großformen der Erde geologisch-tektonisch zu erklären.

F. von Richthofen: Führer für Forschungsreisende; Berlin 1886

W. Penck: Die morphologische Analyse. Ein Kapitel der physikalischen Geologie; Stuttgart 1924

F. Machatschek: Das Relief der Erde; 2 Bde, 1. Auflage Berlin 1938/40; 2. Auflage Berlin 1955

(Entgegen dem äußeren Anschein des Titels der Veröffentlichung von F. von Richthofen spielt Geomorphologie eine wichtige Rolle.)

Natürlich war auch Anhängern der geologisch-tektonischen Richtung der Geomorphologie bekannt, daß nach Heraushebung oder Aufwölbung oder Überschiebung durch seitlichen Druck oder Aufdringen von Material durch Vulkanismus, also nach der Gebirgsbildung, unter dem Einfluß der Atmosphärilien die Abtragung einsetzt, d.h. die Wirkung der außenbürtigen, der exogenen Kräfte.

Kleinräumlich lockert der Temperaturwechsel zwischen Tag und Nacht sowie den Jahreszeiten das Gestein, eindringendes und gefrierendes Wasser führt zur Frostsprengung, zerkleinertes Gestein wird durch Eis, Wasser und Wind abgespült und forttransportiert. Die formenbildende Wirkung der exogenen Kräfte wurde von den Anhängern der geologisch-tektonischen Richtung der Geomorphologie als den Großformenschatz der Erde nur modifizierend angesehen und deshalb in ihrer formenbildenden Bedeutung gering bewertet.

Als mittlere Größenordnungen des Formenschatzes der Erdräume in einer späteren Entwicklungsphase der Geomorphologie in das Blickfeld rückten, so z.B. Schichtstufenlandschaften, wurden Erklärungen in neuer Richtung gesucht.

H. Blume: Probleme der Schichtstufenlandschaft; Erträge der Forschung, Bd. 6, Darmstadt 1971

Schichtstufenlandschaften, wie sie in einer Prinzipskizze in Abb. 6 dargestellt sind, gibt es nicht nur in England; auch in Süddeutschland, Nordfrankreich, weiten Teilen Nordafrikas, der Arabischen Halbinsel, in Nordamerika, sowie anderen Erdräumen sind sie verbreitet.

Bei der Bildung von Schichtstufenlandschaften waren zunächst endogene Kräfte beteiligt: in geologischer Vergangenheit lagerten sich abwechselnd Schichten unterschiedlichen Gesteins, durch Sedimentation in einem Meer, horizontal ab; durch einseitige Heraushebung eines Widerlagers (Gebirgsbildung) wurden sie schräg gestellt. Durch die nun einsetzende Abtragung entstanden Stufen und Landterrassen. Nun spielten exogene Kräfte eine entscheidende Rolle. Anhänger der älteren Schule der Geomorphologie meinten, daß der Wechsel von Stufen und Landterrassen durch Zurückverlegung der Stufen entstanden sei: Quellen am Stufenfuß hätten in den dort weicheren Schichten eine starke Erosion bewirkt, die zum Nachstürzen der darüberliegenden, der Abtragung mehr Widerstand leistenden Schichten geführt hätten (H. Schmitthenner).

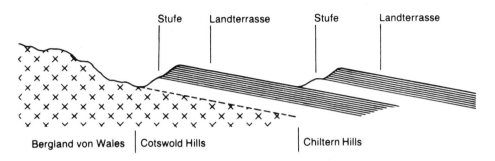

Abb. 6: Schematisches Profil durch eine Schichtstufenlandschaft (England)

Die neue Schule erklärte die Entstehung der Schichtstufenlandschaft anders: durch Denudation, durch flächenhafte Abspülung der Landterrassen. Da also dem Klima der entscheidende Einfluß zugeschrieben wurde, nannte man diese neue Richtung die klimageomorphologische Schule.

H. Weber: Die Oberflächenformen des festen Landes. Einführung in die Grundzüge der allgemeinen Geomorphologie; 2. Auflage Leipzig 1967

G. Büdel: Klima-Geomorphologie; Arbeiten aus der Kommission für Geomorphologie der Bayerischen Akademie der Wissenschaften, Nr. 1, Berlin 1977

Da einige Schichtstufenlandschaften, nämlich die in Nordafrika und auf der Arabischen Halbinsel, in Erdräumen auftreten, die als ausgesprochen arid zu bezeichnen sind, wo also die heutigen Niederschläge nicht ausreichen, um eine entsprechende Abspülung zu bewirken, erklärte man sie als fossile Formen, als Vorzeitform, die unter anderen, humideren Klimaverhältnissen entstanden sein müssen.

Die Unterscheidung von rezenten und fossilen Formen, heutigen und Vorzeitformen, brachte ein neues Element in die Erklärung des Formenschatzes der Erdräume. Aus der Herstellung von Beziehungen zwischen Klima und Formenschatz ergab sich eine neue Gruppierung, nämlich in Landformen im humiden Klima und in Landformen im ariden Klima.

Nach der Anerkennung der neuen Richtung der Geomorphologie entstanden Lehrbücher, die beide Schulen, die geologisch-tektonische und die klimageomorphologische, angemessen berücksichtigten.

H. Louis, K. Fischer: Allgemeine Geomorphologie (Lehrbuch der Allgemeinen Geographie, Bd. 1); 4. Auflage Berlin, New York 1979

H. Dongus: Die geomorphologischen Grundstrukturen der Erde (Teubners Studienbücher Geographie); Stuttgart 1980

F. Machatschek, H. Graul, C. Rathjens: Geomorphologie; 10. Auflage Stuttgart 1973

Im vorangegangenen Kapitel wurde die Umbruchsituation im Fach Geographie gekennzeichnet. Sie besteht hauptsächlich in der Aufgabe des traditionellen Landschaftsbegriffes der Geographie und der Übernahme der Systemkonzeption, vor allem in der Physischen Geographie. So ist hier zu fragen, wie weit dieser Umbruch in der Geomorphologie mitvollzogen wurde.

In diesem Zusammenhang ist eine handliche Einführung in die Geomorphologie zu nennen, die sich die Übernahme und Anwendung der Systemkonzeption zum Ziel gesetzt hat.

| H. Leser, W. Panzer: Geomorphologie (Das Geographische Seminar); Braunschweig 1981

Wenn sich im deutschsprachigen Raum die Benutzung der Systemtheorie in der Geomorphologie erst wenig in geomorphologischen Einzeluntersuchungen niedergeschlagen hat, so kann doch gesagt werden, daß der konzeptionelle Fortschritt darin besteht, daß nicht mehr nach alternativen Erklärungsrichtungen gesucht wird - entweder in geologisch-tektonischer oder klimageomorphologischer Richtung -, sondern daß nun bewußt und systematisch nach **allen** die erdräumliche Formengestaltung bewirkenden Ursachen geforscht wird, ob sie nun endogener oder exogener Herkunft sind. Dies dokumentiert sich in der Konstruktion eines Systemmodells (Abb. 7), in dem das Relief von allen einflußnehmenden Sachverhalten der Litho-, Atmo- und Biosphäre umgeben ist.

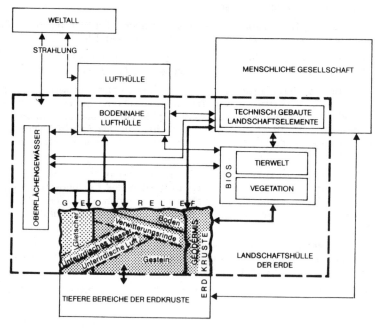

Abb. 7: Das Relief der Erde als System (aus H. Leser, W. Panzer, 1981, S. 15)

Mit der Übernahme der Systemkonzeption rückt - stärker als bisher - die Formenbildung als Prozeß in den Mittelpunkt der Betrachtung, wird die Morphodynamik zum Hauptanliegen der Geomorphologie.

Mit der Systemkonzeption, so wurde auch deutlich, ist die Zielvorstellung der Quantifizierung der Beziehungen zwischen den Systemelementen verbunden, vor allem in der Physischen Geographie. Dem stehen in der Geomorphologie große Schwierigkeiten entgegen.

Die Geomorphologie verfügt nicht über ein internationales Netz von Meßstationen wie die Meteorologie. Die Geomorphologen haben die Messungen selbst im Gelände vorzunehmen. Abfolgen von großmaßstäbigen Karten mit Höhenlinien, denen man die Veränderungen des Reliefs über längere Zeit entnehmen könnte, liegen - im Hinblick auf die Fragestellung der Morphodynamik - nur sehr begrenzt vor.

Es ist deshalb keine Überraschung, wenn die Geomorphologen - angesichts des erklärten Zieles der Quantifizierung der Beziehungen des offenen Systems Relief - mit ihren Untersuchungen kleinräumig ansetzen, so daß man sagen kann, daß Geomorphologie neuerdings auf Hangforschung hinausläuft. Das Großrelief der Erde ist aus dem Blickfeld geraten.

Durch den neuen Ansatz, den Systemansatz in der Geomorphologie, wird eine Vielfalt von Beziehungen zur Umgebung des Reliefs berücksichtigt. Damit mündet diese geomorphologische Untersuchungsrichtung in quantitative Landschaftsuntersuchungen im Sinne von Landschaft als Geosystem ein.

Aus dem deutschen Sprachraum seien dafür als Beispiele zwei Einzeluntersuchungen genannt.

R. Martens: Quantitative Untersuchungen zur Gestalt, zum Gefüge und Haushalt der Naturlandschaft (Imoleser Subapennin). Unterlagen und Beiträge zur allgemeinen Theorie der Landschaft I; Hamburger Geographische Studien, Heft 21, Hamburg 1968

K. Schipull: Geomorphologische Studien im zentralen Südnorwegen mit Beiträgen über Regelungs- und Steuerungssysteme in der Geomorphologie; Hamburger Geographische Studien, Heft 31, Hamburg 1974

Außerhalb des deutschen Sprachraums, besonders in der englischsprachigen Geomorphologie, ist die Verwendung von Modellen weiter verbreitet; sogar die theoretische Ebene hat man dort zu beschreiben begonnen, was auch zur Umbruchsituation gehört.

R.J. Chorley: Models in Geomorphology; in: R.J. Chorley, P. Haggett (Hrsg.): Physical and Information Models in Geography; London 1969, S. 59-96

J.A. Scheidegger: Theoretical Geomorphology; 2. Auflage Berlin 1970

Klimageographie. Wie die Geomorphologie auch befaßt sich die Klimageographie mit der unbelebten Natur als einem Teilbereich der Wirklichkeit.

Wetter und Klima, d.h. die kurzfristigen Vorgänge (Wetter) und die langfristigen Vorgänge (Klima) in der Atmosphäre und ihre Auswirkungen auf die Erde (Erdoberfläche) sind der Forschungsgegenstand der Klimageographie.

Mit diesen Sachverhalten beschäftigt sich aber auch eine Nachbar- bzw. Mutterwissenschaft. Ohne auf spitzfindige Abgrenzungen gegenüber der Klimatologie einzugehen, die hier weitgehend mit Klimageographie gleichgesetzt wird, läßt sich etwa folgende Reihe von Wissenschaften aufstellen:

Klimageographie - Klimatologie - Meteorologie.

Die Meteorologie als Teildisziplin der Physik befaßt sich mit der Physik der Atmosphäre. Worin die Übereinstimmungen, aber auch Abweichungen der genannten Disziplinen in der Auseinandersetzung mit Wetter und Klima und ihren Auswirkungen auf die Erde (Erdoberfläche) bestehen, wird noch darzulegen sein, um den spezifischen Ansatz der Geographie in diesem Zusammenhang zu erhellen.

Zuvor aber ist zu erläutern, daß auch Wetter und Klima vorwissenschaftlicher Erfahrung zugänglich sind.

Täglich wird so gut wie jeder Mensch mit der Tatsache konfrontiert, daß es draußen warm oder kalt ist, daß es trocken ist oder regnet oder schneit, daß ein heftiger Wind weht oder auch nicht. Der vom Wetter abhängige Straßenzustand ist nicht nur für Fußgänger bedeutsam; viele Bereiche des Verkehrs werden unmittelbar vom Wetter beeinflußt. Aus diesen vielfältigen täglichen Interessen am Wetter resultiert der mehrmals täglich im Radio und Fernsehen mitgeteilte Situations- und Vorhersagewetterbericht. Tageszeitungen bringen im allgemeinen sogar eine Wetterkarte.

Das Wettergeschehen greift täglich in das Wirtschaftsleben ein. Erinnert sei zuerst - unter zahlreichen Aspekten - an die allgemeine Erfahrung der Abhängigkeit des Getränkekonsums von der Höhe der Temperatur. Im Rahmen der ökonomischen und verkehrstechnologischen Möglichkeiten, die Industriegesellschaften bieten, kommt es zu regelmäßigen Ortsveränderungen ihrer Mitglieder in der Urlaubszeit; aus den von der Sonne nicht verwöhnten gemäßigten Breiten verlagern sich die Touristen in die subtropischen Mittelmeerländer Europas und Amerikas, die eine den Erwartungen entsprechende Schönwettersicherheit in den Sommermonaten bieten.

Die Landwirtschaft, deren Wetterabhängigkeit offenbar ist, zeigt besonderes Interesse an Wetter- und Klimaprognosen. Früh schon - auf vorwissenschaftlicher Ebene - haben sich Bauernregeln herausgebildet, die zukünftiges Wettergeschehen - und langfristig auch das Klima - erfassen und in ihren Auswirkungen auf die landwirtschaftliche Produktion beurteilen. Sie sind erste Bemühungen, vorwissenschaftliche Wettererfahrung in prognostisch-wissenschaftliche Fragestellungen umzusetzen. Deshalb sei eine Abfolge solcher Bauern-Wetterregeln für das Jahr mitgeteilt (nach O. Schwarz, Hrsg.: Heimatkundliche Geschichten über Schleswig-Holstein; Bd. I, Kiel 1954, S. 42):

- Ist der Januar hell und weiß, wird der Sommer sicher heiß.

- Wenn im Februar die Lerchen singen, wird's uns Frost und Kälte bringen.

- Ein feuchter März ist des Bauern Schmerz.

- Heller Mondschein im April schadet der Baumblüte viel.

- Kühler Mai, viel Stroh und Heu.

- Wenn kalt und naß der Juni war, verdirbt er meist das ganze Jahr.

- Im Juli feiner Sonnenschein macht alle Früchte reif und fein.

- Wenn's im August stark tauen tut, bleibt auch gewöhnlich das Wetter gut.

- Ist der September lind, wird der Winter ein Kind.

- Im Oktober Sturm und Wind uns den frühen Winter künd.

- Wenn der November regnet und frostet, dies der Saat ihr Leben kostet.

- Im Dezember sollen Eisblumen blühn, Weihnacht sei nur am Tische grün.

Naturgemäß können solche bäuerlichen Spruchweisheiten - wenn überhaupt - nur für einen regional begrenzten Bereich Gültigkeit haben, aber zur Kennzeichnung singulärer Wettererscheinungen beschreiben sie zuweilen die Wirklichkeit in angemessener Weise.

Die Erklärung der einzelnen, kurzfristigen und langfristigen Teilphänomene des Wetter- und Klimageschehens an und für sich und in ihrem erdräumlichen Bezug sowie die Prognose künftigen Wetters und Klimas sind die Hauptanliegen der Klimageographie, Klimatologie und Meteorologie.

Quantitative Erfassung der Wetter- und Klimaelemente, des Luftdrucks, der Temperatur, des Niederschlags, der Windgeschwindigkeiten etc. in ihrer dreidimensionalen, erdräumlichen Differenzierung ist die unabdingbare Voraussetzung für entsprechendes wissenschaftliches Arbeiten. Dafür bestehen - verglichen mit dem Datenmaterial der Geomorphologen - relativ günstige Bedingungen: ein weltumspannendes Netz von Klimastationen, in Entwicklungsländern sehr viel weitmaschiger und dünner als in Industrieländern, liefert zahlreiche Daten. In den letzten Jahrzehnten ist man sogar - nicht nur durch Radiosondenaufstiege, sondern mit Hilfe des umfangreichen Luftverkehrs - in die Höhenregionen der Atmosphäre vorgestoßen.

Auf vorwissenschaftlicher Ebene - durch Mitwirkung an einer Klimastation - hat man vielleicht im Garten einer Schule die Bedeutung von Genauigkeit und Regelmäßigkeit bei den Aufzeichnungen der Wetter- und Klimaelemente erfahren.

Demgegenüber steht die alltägliche vorwissenschaftliche Erfahrung, daß man sich trotz vieler Meßstationen, die ein reiches Datenmaterial liefern, und trotz des Einsatzes von Elektronischer Datenverarbeitung auf Wettervorhersagen, selbst kurzfristige, nicht unbedingt verlassen kann.

Eine vergleichende Inhaltsanalyse deutschsprachiger Lehrbücher der Klimageographie - Klimatologie - Meteorologie soll die Übereinstimmungen und Abweichungen der wissenschaftlichen Disziplinen, die sich mit Wetter und Klima befassen, aufzeigen:

J. Blütgen: Allgemeine Klimageographie; Lehrbuch der Allgemeinen Geographie, Bd. 2; 1. Auflage Berlin 1964

J. Blütgen, W. Weischet: Allgemeine Klimageographie; Lehrbuch der Allgemeinen Geographie, Bd. 2; 3. Auflage Berlin, New York 1980

R. Scherhag: Einführung in die Klimatologie (Das Geographische Seminar); 1. Auflage Braunschweig 1960

R. Scherhag, W. Lauer: Klimatologie (Das Geographische Seminar); 10. Auflage Braunschweig 1982

W. Weischet: Einführung in die Allgemeine Klimatologie. Physikalische und meteorologische Grundlagen (Teubner Studienbücher Geographie); 4. Auflage Stuttgart 1988

H. Häckel: Meteorologie (UTB 1338); Stuttgart 1985

Darüberhinaus sei auf folgende grundlegende Veröffentlichungen zum Thema hingewiesen, von denen die erste auf die Entwicklung der Methode der Klimageographie eingeht, die anderen beiden in populärwissenschaftliche Richtung zielen.

W. Erichsen (Hrsg.): Klimageographie; Wege der Forschung, Bd. 615; Darmstadt 1985

H. Flohn: Vom Regenmacher zum Wettersatelliten. Klima und Wetter; Frankfurt am Main 1984

Geo Spezial: Wetter; Hamburg 1982

Da es um die Kennzeichnung von Sichtweisen geht, werden nur J. Blütgen 1964, R. Scherhag, W. Lauer 1982, W. Weischet 1983 und H. Häckel 1985 in die vergleichende Inhaltsanalyse einbezogen; die neuere Veröffentlichung von J. Blütgen, W. Weischet 1980, die nicht berücksichtigt wird, ist dadurch geprägt, daß in verstärktem Maße die Meteorologie - durch W. Weischet - in die Klimageographie einzog.

Ein wichtiges Thema der Lehrbücher ist die Gliederung der Atmosphäre. Dabei geht es um den Stockwerkbau, die Schichtung der Atmosphäre in Troposphäre (bis etwa 10 km Höhe) und Stratosphäre, Mesosphäre und Ionosphäre darüber. Auch geht es um die Zusammensetzung der Luft nach ihren chemischen Bestandteilen (Stickstoff, Sauerstoff, Kohlendioxid etc.), die gleichmäßige Luftdruckabnahme mit zunehmender Höhe, die ungleichmäßige Temperaturabnahme mit zunehmender Höhe, um stabile und labile Schichtung der Atmosphäre.

Alle genannten Themen werden - in unterschiedlicher Ausführlichkeit in Abhängigkeit vom Umfang der Veröffentlichungen - von J. Blütgen 1964, R. Scherhag, W. Lauer 1982, W. Weischet 1983 und H. Häckel 1985 behandelt. Es lassen sich also bei dieser Thematik kaum Unterschiede zwischen den Lehrbüchern der Klimageographie, Klimatologie und Meteorologie erkennen.

Ein zweites wichtiges Thema der Lehrbücher ist die Strahlung und Temperatur. Die Sonne als Energiespender wird behandelt, die Bedingungen der Sonneneinstrahlung auf die Erde, Absorption, Streuung und Reflexion der Sonneneinstrahlung, die Strahlungsbilanz in der Troposphäre und an der Erdoberfläche, die Bedeutung des Einfallswinkels der Sonnenstrahlung für die Erwärmung der Erdoberfläche, die horizontale und vertikale Verteilung der Lufttemperatur, der Tages- und der Jahresgang der Temperatur.

Wiederum wird auf alle genannten Aspekte sowohl von J. Blütgen 1964, R. Scherhag, W. Lauer 1982, W. Weischet 1983 als auch H. Häckel 1985 eingegangen, so daß wiederum weitgehende Übereinstimmung zwischen den Lehrbüchern der Klimageographie, Klimatologie und Meteorologie zu konstatieren ist.

Ein drittes wichtiges Thema der Lehrbücher ist das Wasser und der Wasserdampf in der Atmosphäre. Dabei geht es um die verschiedenen Formen der Niederschläge (Regen, Schnee, Hagel, Tau, Reif), um Nebel und Wolken, um die Wolkenformen und die Bedingungen ihrer Bildung, um Verdunstung und Luftfeuchtigkeit, um Kondensations- und Gefrierprozesse in der Atmosphäre, um Niederschlagsverteilung unter örtlichen Bedingungen (Relief) und um den Wasserkreislauf.

Auch bei diesem Thema muß festgestellt werden, daß die Lehrbücher von J. Blütgen 1964, R. Scherhag, W. Lauer 1982, W. Weischet 1983 und H. Häckel 1985 weitgehend übereinstimmen, bisher also kaum Unterschiede zwischen Klimageographie, Klimatologie und Meteorologie erkannt werden können.

Ein viertes wichtiges Thema heißt Luftdruck und Winde in der Atmosphäre. Inhaltlich wird auf die Druckgebilde, die Hochs und Tiefs, eingegangen, auf die Bedingungen ihrer Entstehung, Struktur und Dynamik, auf kleinräumige Windsysteme wie Land-, See- oder Bergwinde und auf großräumige Windsysteme, insbesondere die planetarische Zirkulation mit ihren ausgedehnten Windzonen, der polaren

Ostwindzone, der Westwindzone der mittleren Breiten, der Passatwindzone der subtropischen und tropischen Breiten, auf Monsune und Etesien, auf Höhenwinde, Strahlströme, auf Druckgegensätze in geringen und großen Höhen, auf Mechanik und Dynamik der Windzirkulation als Folge unterschiedlicher Luftdruckverhältnisse am Boden und in der Höhe.

Zum vierten Male muß festgehalten werden, daß sich die Lehrbücher von J. Blütgen 1964, R. Scherhag, W. Lauer 1982, W. Weischet 1983 und H. Häckel 1985 nicht wesentlich voneinander unterscheiden, so daß bisher kaum Unterschiede zwischen den Interessen der Klimageographie, der Klimatologie und der Meteorologie aufgezeigt werden konnten.

Diese Situation ändert sich jedoch beim fünften wichtigen Thema: Klimatypen, Klimaklassifikationen, Klimaschwankungen. Es geht um Klimatypen nach Aridität bzw. Humidität, nach Maritimität bzw. Ozeanität. Umfangreichen Raum nimmt die Behandlung der Klimaklassifikationen ein: nach A. Penck, der 1910 von der Verdunstung ausging und danach aride, humide und nivale Klimate unterschied; nach W. Köppen, der um 1900 von der Verbreitung der Vegetation auf der Erde seine Klimaklassifikation ableitete; nach C. Troll und KH. Paffen, die 1963/64 von dem jahreszeitlichen Wandel der Klimaelemente, Temperatur und Niederschlag, ausgingen. Auch die Frage der Klimaschwankungen in geologischer und historischer Zeit wird ausführlich behandelt.

Dies geschieht in den Lehrbüchern von J. Blütgen 1964 und R. Scherhag, W. Lauer 1982, nicht jedoch bei W. Weischet 1983 und H. Häckel 1985. Daß dies bei W. Weischet 1983 so ist, kann jedoch nicht auf Unterschiede der Disziplinen zurückgeführt werden, die sich mit Wetter und Klima befassen; W. Weischet geht - als Geograph - offenbar nur deshalb in seinem Lehrbuch von 1983 nicht auf die genannte Thematik ein, weil er bewußt die physikalischen und meteorologischen Grundlagen der Klimatologie/Klimageographie darlegen will. Anders ist es bei H. Häckel 1985; das weitgehende Fehlen der genannten Thematik in seinem Lehrbuch der Meteorologie weist doch auf Unterschiede zwischen Klimageographie/Klimatologie einerseits und Meteorologie andererseits hin. Die physikalischen Gesetze der Atmosphäre und ihrer Bewegung stehen im Mittelpunkt der meteorologischen Betrachtungsweise; der erdräumliche Bezug und die erdräumliche Differenzierung des langfristigen Wetterablaufs treten demgegenüber zurück. Dagegen werden gerade diese Aspekte von der Klimageographie/Klimatologie betont, die ihrerseits die Gesetze der Physik der Atmosphäre nicht um ihrer selbst willen, aber als Rahmenbedingungen des erdräumlichen Bezuges der langfristigen Wettererscheinungen zur Kenntnis nehmen muß. Damit dürften die Übereinstimmungen von Klimageographie/Klimatologie einerseits und Meteorologie andererseits sowie ihre Abweichungen deutlich geworden sein.

Bei einer sechsten wichtigen Thematik von Wetter und Klima, den Darlegungen über Mikroklimate, Klima und Mensch, stimmen wiederum alle Teildisziplinen weitgehend überein. Es geht dabei um relativ kleinräumige Klimabereiche im Gelände und in der Stadt, speziell um die bodennahe Luftschicht, und um heilklimatische Wirkungen auf den Menschen.

Diese Thematik wird sowohl bei J. Blütgen 1964 als auch bei R. Scherhag, W. Lauer 1982 und sogar bei H. Häckel 1985 - wenn auch kurz - berücksichtigt. Daß diese Thematik bei W. Weischet 1983 nicht enthalten ist, kann nicht auf prinzipielle Unterschiede zwischen den Teildisziplinen, sondern muß auf pragmatisch-technische Gesichtspunkte zurückgeführt werden.

Zum Abschluß des Abschnittes über die Geomorphologie wurde die Frage gestellt, wie weit diese Teildisziplin der allgemeinen Physischen Geographie die Umbruchsituation mitvollzogen hat. Die entsprechende Frage soll hier für die Klimageographie, Klimatologie, Meteorologie gestellt werden.

Es wurde deutlich, daß die wissenschaftliche Beschäftigung mit Wetter und Klima auf der umfangreichen Gewinnung quantitativer Daten basiert. Angesichts des gerade in den Naturwissenschaften bestehenden Zieles, bei der Übernahme und Anwendung der Systemkonzeption auch die Beziehungen zwischen den Systemelementen quantitativ zu ermitteln, scheinen also in der Klimageographie, Klimatologie, Meteorologie günstige Voraussetzungen zu bestehen. Jedoch: das Vorhandensein quantitativer Daten ist eine Sache, die Quantifizierung von Beziehungen im Rahmen eines Systemzusammenhanges eine andere.

Bisher begnügte man sich in der Meteorologie weitgehend mit dem traditionellen Ansatz der Physik, der auf die gesetzmäßige Beschreibung einzelner Phänomene des Wetterablaufs in der Atmosphäre hinausläuft.

Die vorherrschende Beschäftigung mit Klimaklassifikationen bei den Klimageographen kann nicht als Übernahme der systemtheoretischen Konzeption angesehen, sondern muß als klassifikatorischer Ansatz beurteilt werden.

Wenn in der Klimageographie von einer Umbruchsituation die Rede sein kann, dann in dem Sinne, daß verglichen mit älteren Lehrbüchern eine noch weitergehende Öffnung zur Meteorologie erfolgt ist.

Die Verwendung von Modellen ist im englischen Sprachraum in der Meteorologie und der Klimatologie weiter gediehen als im deutschen Sprachraum.

| R.C. Barry: Models in Meteorology and Climatology; in: R.J. Chorley, P. Haggett (Hrsg.): Physical and Information Models in Geography; London 1969, S. 97-144 |

Angesichts der ungeheuren Vielzahl von zu berücksichtigenden Systemelementen ist es verständlich, daß erst allmählich die mit einem nicht unbeträchtlichen organisatorischen und finanziellen Aufwand verbundene, praktische Anwendung systemtheoretischer Überlegungen bei der Erforschung von Wetter und Klima in Gang kommt. Wegen der starken überregionalen Beeinflussungen des lokalen Wettergeschehens und Klimas haben nur großräumige Forschungsansätze Aussicht auf Erfolg.

Seit 1982 läuft ein von der Bundesregierung finanziertes Klimaforschungsprogramm, das sich mit der Entwicklung globaler Klimamodelle - angesichts der Problematik der beschädigten Ozonschicht der Atmosphäre - beschäftigt und das - um der Unmenge von Daten Herr zu werden - zur Einrichtung eines Deutschen Klimarechenzentrums (in Hamburg) geführt hat. Erst auf dieser Basis kann die Systemproblematik der vielfältigen Wechselwirkungen angegangen werden: zwischen Atmosphäre und Ozean, planetarischer Zirkulation und Meeresströmungen, Strahlung und Vegetation, Luftverunreinigung und Schichtung der Atmosphäre, Niederschlag und Abfluß, Meeresspiegel- und Klimaschwankungen.

Die Anwendung der Systemkonzeption auf Wetter und Klima läßt in der Zukunft auf ein wachsendes Verständnis der Zusammenhänge hoffen, die bisher überwiegend nur von Teilerscheinungen her gesehen worden sind. Verbesserte kurzfristige und vielleicht auch langfristige Wetterprognosen und Warnungen vor Klimaveränderungen dürften eine willkommene Zugabe systemarer Orientierung sein.

Vegetationsgeographie. Im Gegensatz zur Geomorphologie, die sich mit dem Relief des festen Landes, und im Gegensatz zur Klimageographie, die sich mit Wetter und Klima und deren Auswirkungen auf die Erde, also mit den Wirklichkeitsbereichen der unbelebten Natur der Erdräume beschäftigen, wendet sich die Vegetationsgeographie den Pflanzen und somit einem wichtigen Teilbereich der belebten Natur zu.

Pflanzen treten im natürlichen Rahmen und auch im kulturräumlich-gesellschaftlichen Zusammenhang nicht als Einzelerscheinungen, sondern in mehr oder weniger homogen zusammengesetzten Gruppen auf. Vegetation ist die zusammenfassende Bezeichnung für Gruppen von Pflanzen und Bäumen.

Nicht nur die Pflanzen- und Vegetationsgeographie befaßt sich mit Pflanzen und Bäumen, sondern auch - und hauptsächlich - die Botanik, so daß man ein nachbar- oder mutterwissenschaftliches Verhältnis von Pflanzengeographie/Vegetationsgeographie und Botanik annehmen darf, woraus sich, wie bei anderen Teildisziplinen der Physischen Geographie auch, die Frage der Abgrenzung, der Übereinstimmungen und Unterschiede, ergibt.

Pflanzen und Vegetation begegnen uns vielfältig auf der vorwissenschaftlichen Ebene.

Wegen ihrer ästhetischen Qualität und ihrem emotionalen Bezug zum Menschen werden Blumen als Geschenke ausgetauscht. Wogende Getreide- und blühende Rapsfelder erfreuen ebenso den Wanderer wie Laub- und Nadelwälder. Mit ihren Früchten dienen Pflanzen und Bäume dem Menschen vor allem als Nahrungsmittel - daran hat sich seit der frühen Wirtschaftsstufe der Menschheit, der Sammler und Jäger, grundsätzlich wenig geändert, wenn auch heute in sehr viel raffinierterer Weise die Produkte erzeugt und geerntet werden.

Auf Reisen in den Mittelmeerländern mag dem mitteleuropäischen Touristen nicht nur die andersartige Vegetation, sondern auch das weitgehende Fehlen hochstämmiger Wälder aufgefallen sein.

Das Phänomen des Waldsterbens in den Industrieländern und das Rätselraten über die Verursacher begegnet dem Benutzer der Medien auf vielfältige Weise. Ebenfalls durch die Medien wird die Problematik der tropischen Regenwälder, die irreparablen Schäden durch ihre Abholzung, dem Zeitungsleser oder Fernsehzuschauer nahegebracht.

Manch ein Schüler mag bei seiner Tätigkeit in einem Pflanz- oder Schulgarten mit den Fragen der Aufwuchsbedingungen von Pflanzen vertraut gemacht worden sein.

Ein Vergleich deutschsprachiger Lehrbücher der Pflanzen- bzw. Vegetationsgeographie und ausgewählter deutschsprachiger Lehrbücher der Botanik soll über die Inhalte und Sichtweisen der wissenschaftlichen Fächer informieren, die sich mit Pflanzen und Vegetation beschäftigen.

L. Diels: Pflanzengeographie (Sammlung Göschen); 4. Auflage Berlin 1945

J. Schmithüsen: Allgemeine Vegetationsgeographie; Lehrbuch der Allgemeinen Geographie; Bd. IV; 3. Auflage Berlin 1968

H.-J. Klink, E. Mayer: Vegetationsgeographie (Das Geographische Seminar); Braunschweig 1983

W. Larcher: Ökologie der Pflanzen auf physiologischer Grundlage (UTB 232); 4. Auflage Stuttgart 1984

D. Wilmanns: Ökologische Pflanzensoziologie (UTB 269); 3. Auflage Heidelberg 1984

H. Walter: Allgemeine Geobotanik (UTB 284); 3. Auflage Stuttgart 1986

H. Walter: Vegetationszonen und Klima (UTB 14); 5. Auflage Stuttgart 1984

Als Einstiegsinformation für Geographen sei noch folgende Veröffentlichung erwähnt:

W. Franke: Nutzpflanzenkunde. Nutzbare Gewächse der gemäßigten Breiten, Subtropen und Tropen; 2. Auflage Stuttgart, New York 1984

Nach H. Walter (Allgemeine Geobotanik) wird in der Abb. 8 ein Überblick über die Teilgebiete der Pflanzen- und Vegetationskunde gegeben. Dazu bedarf es einiger Erläuterungen/Begriffsklärungen.

Die Taxonomie ist bemüht, die Pflanzen in einen systematischen Zusammenhang im Sinne einer klassifikatorischen Gruppenbildung mit Über- und Unterordnung der Gruppen zu bringen. Solche Gruppen sind Art, Gattung, Familie, Ordnung, Klasse, Stamm. Die Erscheinungsformen der Pflanzen werden als Zuordnungskriterien benutzt. C. von Linné (1707-1778) legte 1735 wesentliche Grundlagen für eine derartige Einteilung der Pflanzen und ihre Benennung nach dem binären System.

Die Morphologie beschäftigt sich mit den so vielfältigen Erscheinungsformen der Pflanzen. Wenn man allein an die unterschiedlichen Blattformen, z.B. der Laubbäume (Eiche, Buche, Linde, Ahorn etc. etc.) denkt, wird klar, welch ungeheurer Formenschatz in der Pflanzenwelt vorhanden ist; hinzu kommt, daß auch alle anderen Teile einer Pflanze (Blüten, Stengel, Stamm, Rinde, Äste, Zweige, Wurzeln) eine Vielzahl von Formen ausgebildet haben.

Die Anatomie befaßt sich mit dem Aufbau der Pflanzen und Bäume in ihren unter- und oberirdischen Teilen, also Wurzelwerk, Stengel oder Stamm und Krone mit Ästen, Zweigen und Blättern.

Während die bisher genannten Sachverhalte der Pflanzenkunde eine für Laien und Vegetationsgeographen interessante Größenordnung aufzuweisen haben, gehören die Zytologie, die Zellenlehre, und die Histologie, die Gewebelehre, dem mikrobiologischen Bereich an; sie befassen sich mit dem Aufbau und der Struktur einzelner Zellen, sowie deren Funktion, und mit dem Gewebe als Verband von Zellen. Die Mikrobiologie - nicht nur der Pflanzen - verspricht zukünftig die Entschlüsselung der Erbanlagen, vielleicht auch des Lebens überhaupt.

Die Physiologie (W. Larcher) interessiert das Funktionieren der Pflanzen. Dabei handelt es sich um Systeme - im Sinne der Systemtheorie - in doppelter Weise: es geht um das Zusammenspiel der Teile der Pflanzen, der Blätter, Blüten, Wurzeln, des Stammes oder Stengels, miteinander, und es geht um das Zusammenspiel der Pflanzen mit ihrer Umgebung, den Energie-, den Kohlen-, den Stickstoff-, den Mineralstoff- und den Wasserhaushalt (W. Larcher). Mit dieser Art des Funktionierens ist die Verbindung zum Sachgebiet der Ökologie hergestellt.

Die floristische (allgemeine) Geobotanik ist eine Arealkunde; sie befaßt sich mit dem Artenbestand und der Artenverbreitung. Danach können verschiedene Florenreiche unterschieden werden (paläotropisches, kapländisches, holarktisches, neotropisches, antarktisches, australisches Florenreich), deren Abgrenzung nicht unbedingt mit den heutigen Kontinenten gleichgesetzt werden kann, sondern in Verbindung mit der erdgeschichtlichen Entwicklung steht, im Laufe derer sich erst die heutige Verteilung von Wasser und Land auf der Erde herausgebildet hat.

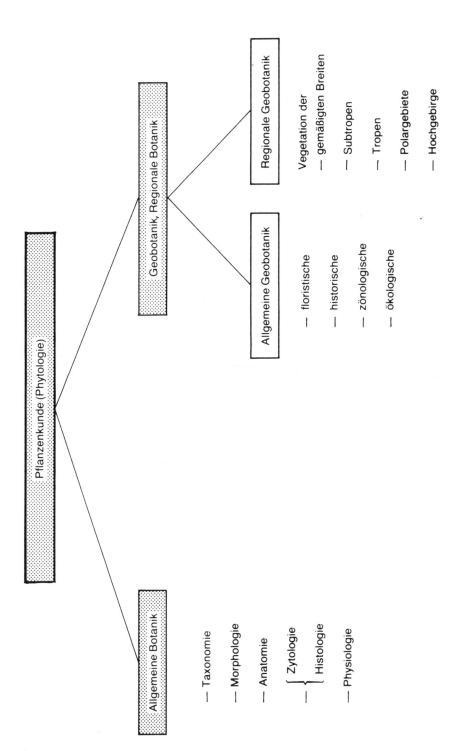

Abb. 8: Gliederung der Pflanzenkunde, nach H. Walter

Die historische (allgemeine) Geobotanik setzt die Entstehung der Pflanzen, der niederen und der höheren Arten, in Beziehung zur erdgeschichtlichen Entwicklung und will klären, in welchem erdgeschichtlichen Zeitraum (Mesozoikum, Tertiär, Quartär) welche Pflanzen entstanden sind und sich ausgebreitet haben.

Die zönologische (allgemeine) Geobotanik befaßt sich mit den Pflanzengesellschaften (O. Wilmanns). Sie geht aus von dem Faktum, daß auf einer Wiese, in einem Wald, an einem Wegrand oder an einem Seeufer bestimmte Pflanzen oder Bäume dominierend auftreten, aber andere sich zu ihnen gesellen, d.h. Pflanzengesellschaften bestehen. Ihnen wird als landschaftsprägende Erscheinungen auch von der Vegetationsgeographie ein großes Interesse entgegengebracht.

Bei allen genannten Aspekten der Pflanzenkunde geht es nicht nur um die aufgezählten Sachverhalte; die Bedingungen ihres Vorhandenseins, ihrer Ausprägung und ihrer Entwicklung sind es, die das Interesse zu einem wissenschaftlichen machen.

Vergleicht man nun, um die Übereinstimmungen und Unterschiede von Vegetationsgeographie und Botanik zu erfassen, die erwähnten Lehrbücher, so ergibt sich, daß das, was in der Abb. 8 unter der Rubrik Allgemeine Geobotanik aufgezählt wurde, sowohl von L. Diels als auch von H. Walter (Allgemeine Geobotanik) behandelt wird. Es geht um den erdräumlichen Bezug der Pflanzen im floristischen, historisch-geologischen, zönologischen und ökologischen Sinne, und der ist sowohl von seiten der Botaniker als auch der Pflanzengeographen aus zugänglich.

Weitgehende Übereinstimmungen sind auch zwischen J. Schmithüsen und H. Walter (Vegetationszonen und Klima) festzustellen. Bei J. Schmithüsen nimmt zwar der Ansatz der traditionellen Botanik, sich umfangreich mit den Erscheinungsformen der Pflanzen zu beschäftigen, ebenfalls breiten Raum ein, aber den erdräumlich stark in Erscheinung tretenden Pflanzengesellschaften und der Vegetation der verschiedenen Klimazonen wird sowohl von J. Schmithüsen als auch von H. Walter große Aufmerksamkeit geschenkt: der Vegetation der tropischen Regenwaldzone, der Vegetation der subtropischen ariden Zone, der Hartlaubvegetation der Winterregengebiete, der warmtemperierten Vegetationszone, der sommergrünen Laubwaldzone der gemäßigten Breiten, der ariden Vegetationszone des gemäßigten Klimas, der borealen Nadelwaldzone, der arktischen Tundrazone, der alpinen Vegetation der Gebirge (nach H. Walter, Vegetationszonen und Klima).

Es ergibt sich, daß auch die regionale Botanik ein Arbeitsgebiet sowohl der Botaniker als auch der Vegetationsgeographen ist: der ausgeprägte Erdraumbezug ist unübersehbar.

Vergleicht man die Veröffentlichungen von H.-J. Klink, E. Mayer und H. Walter (Vegetationszonen und Klima), so ergibt sich, daß die aufgezählten Themen wesentliche Teile beider Veröffentlichungen ausmachen. Bei H.-J. Klink, E. Mayer kommt noch etwas hinzu, was für die neuere Entwicklung der Vegetationsgeographie wichtig ist, nämlich die Übernahme des Systemansatzes aus der Botanik, d.h. der physiologisch-ökologische Aspekt, auf den in einem eigenen großen Abschnitt eingegangen wird. Aber auch die allgemeine Geobotanik im Sinne von L. Diels und H. Walter (Allgemeine Geobotanik) werden von H.-J. Klink, E. Mayer behandelt.

Zusammenfassend läßt sich das Verhältnis der Pflanzengeographie/Vegetationsgeographie zur Botanik im Prinzip ähnlich beschreiben wie das der Klimageographie zur Meteorologie: Pflanzen und Vegetation als erdräumliche Erscheinungen stehen bei Pflanzengeographie/Vegetationsgeographie im Mittelpunkt des Interesses; es bedarf der Kenntnisnahme der Fortschritte in der Botanik bei der Klärung der Rahmenbedingungen der Pflanzen und Vegetation als erdräumliche Erscheinungen; zur Pflanzengeographie/Vegetationsgeographie kann man von der Geographie und von der Botanik her stoßen.

Die Beurteilung der Umbruchsituation der Vegetationsgeographie stützt sich auf das Kriterium, wie weit es zur Übernahme und Anwendung systemtheoretischer Überlegungen und zur Anwendung quantitativer Verfahren - im systemtheoretischen Zusammenhang - gekommen ist.

In der Botanik ist mit dem pflanzenphysiologischen und pflanzenökologischen Ansatz zwangsläufig die Adaption der Systemtheorie gegeben.

Es ist festzustellen, daß in dem handlichen Lehrbuch der Vegetationsgeographie von H.-J. Klink, E. Mayer die Systemkonzeption Einzug gehalten hat. Dies ist nicht nur in einem Abschnitt über Ökosystemforschung geschehen, sondern auch in den ausführlichen Darstellungen des Pflanzengeographen besonders interessierenden Themas der Vegetationsgürtel der Erde: dort wird nicht nur - wie bei H. Walter (Vegetationszonen und Klima) - eine Verbindung zwischen Vegetation und Klima hergestellt, sondern die Vegetation wird aus dem größeren Zusammenhang von Klima und Boden heraus erklärt; entsprechend wird im Literaturverzeichnis auf Lehrbücher der Klimatologie und der Bodenkunde hingewiesen. Die Vegetationszonen der Erde werden also in ihrem Ökosystemzusammenhang dargestellt. Dies ist - angesichts der ins Auge gefaßten Größenordnungen - nur qualitativ möglich.

Auf pflanzensoziologisch-klassifikatorischer Ebene werden - auch von Pflanzengeographen - mathematisch-statistische Verfahren verwendet.

| P. Frankenberg: Vegetation und Raum. Konzepte der Ordinierung und Klassifizierung (UTB 1177); Paderborn 1982 |

Verfolgt man die Entwicklung der Pflanzengeographie/Vegetationsgeographie über längere Zeit, so sind die Einflußnahmen der Botanik und ihrer Entwicklung nicht zu übersehen.

Als sich Alexander von Humboldt (1769-1859) auf seiner Südamerikareise (1799-1804) als Mitteleuropäer mit einer Überfülle ihm fremder, tropischer Vegetation konfrontiert sah, ging es ihm im wissenschaftlichen Stile der Botanik seiner Zeit um die Einordnung in Arten und Gattungen, nachdem C. von Linné (1707-1778) die Taxonomie als botanische Teildisziplin geschaffen hatte.

Die morphologische Schule der Botanik, die zeitweilig starke Orientierung an Erscheinungs- und Wuchsformen der Pflanzen und Pflanzenformationen, spiegelt sich noch im Lehrbuch der Vegetationsgeographie von J. Schmithüsen.

| C. Troll brachte die modernen, physiologischen und ökologischen Gesichtspunkte der Botanik in die Pflanzengeographie hinein. |

| C. Troll: Die tropischen Gebirge. Ihre dreidimensionale klimatische und pflanzengeographische Zonierung; Bonner Geographische Abhandlungen, Heft 25, Bonn 1959 |

Mit dieser Übernahme erfolgte - in der Physischen Geographie - unter Ausweitung des Grundansatzes über die Vegetationsgeographie hinaus der Übergang von der pflanzenökologischen zur landschaftsökologischen Orientierung.

Landschaftsökologie/Geoökologie. Die bisherigen Ausführungen haben es gezeigt: die Geomorphologie befaßt sich mit dem Relief des festen Landes, die Klimageographie mit Wetter und Klima als Teilen der unbelebten Natur der Wirklichkeit der Erdräume. Die Vegetationsgeographie beschäftigt sich mit Pflanzen und Vegetation als Teilen der belebten Natur der Wirklichkeit der Erdräume. Hinzu kommt, daß sich die Bodengeographie und die Hydrogeographie mit anderen Teilen der unbelebten Natur, die Tiergeographie mit wiederum anderen Teilen der belebten Natur der Wirklichkeit der Erdräume auseinandersetzt.

Wen wundert es, wenn sich zu diesen analytischen Grundansätzen geographischer Beschäftigung mit der unbelebten und belebten Natur der Erdräume der synthetisch orientierte Grundansatz hinzugesellt, der es sich zum Ziel setzt, mehr oder weniger ganzheitlich das Zusammenspiel **aller** wesentlichen Teilelemente eines dreidimensionalen Ausschnittes der Erdoberfläche, einer Landschaft - genauer einer Naturlandschaft -, in den wissenschaftlichen Griff zu bekommen. Dies ist Zielsetzung und Forschungsgegenstand der Landschaftsökologie.

Diese Art wissenschaftlich-ganzheitlicher Erfassung von Landschaft ist kaum aus vorwissenschaftlicher Landschaftserfahrung ableitbar, handelt es sich doch bei vorwissenschaftlicher Landschaftserfahrung entweder um ganzheitlich-optisch-ästhetische Sinneseindrücke, z.B. bei einem Sonnenaufgang am Meer, oder um ästhetisch-emotionale Wirkungen einer Landschaft, z.B. einer italienischen Kulturlandschaft auf den Mittel- und Nordeuropäer.

In der Landschaftsökologie wird Landschaft nicht im Sinne des - im vorherigen Kapitel besprochenen - traditionellen Landschaftsbegriffes des Faches Geographie als geordnete Anhäufung materieller Gegenstände verstanden, sondern als System (im systemtheoretischen Sinne). Die Entstehung der Landschaftsökologie als neues Teilgebiet der Geographie ist Ausdruck der Umbruchsituation des Faches, wozu einige Vorläufer Beiträge geliefert haben.

| J. Schmithüsen: Geosynergetik; Lehrbuch der Allgemeinen Geographie, Bd. 12; Berlin, New York 1976 |

Ein handliches Lehrbuch der modernen Landschaftsökologie liegt in deutscher Sprache vor.

| H. Leser: Landschaftsökologie (UTB 521); 2. Auflage Stuttgart 1978 |

Angesichts des Zusammenspiels zahlreicher Naturfaktoren in der Landschaftsökologie überrascht es nicht, daß man auch von anderer Seite, insbesondere von der Botanik her, zur Landschaftsökologie gelangen kann.

| N. Knauer: Vegetationskunde und Landschaftsökologie (UTB 941); Heidelberg 1981 |

Die systemtheoretischen Grundlagen der (geographischen) Landschaftsökologie legen es nahe, daß landschaftsökologische Modelle konstruiert werden und daß - wegen der notwendigen Berücksichtigung der zahlreichen Naturfaktoren - ein solches Modell (Abb. 9) dem Modell eines Geo(physio)systems (Abb. 5) ähnelt (vgl. Abb. 9 und 5).

Als Edaphon werden die lebenden pflanzlichen und tierischen Organismen des Bodens bezeichnet; klastisch heißt: durch Zertrümmerung entstanden.

Allerdings kommt in dem landschaftsökologischen Modell (Abb. 9) stärker als in dem Modell eines Geo(physio)systems (Abb. 5) die Art der Beziehungen zwischen den Systemelementen in Gestalt von Prozessen, als Umsätze (von Strahlungsenergie, Wärme, Wasser, gasförmiger und gelöster anorganischer und von organischer

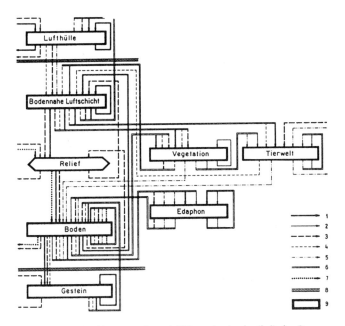

1 Umsatz von Strahlungsenergie und Wärme durch physikalische Prozesse
2 Umsatz von Wärmeenergie durch biochemische Prozesse
3 Umsatz von Wasser
4 Umsatz von gasförmiger und gelöster anorganischer Substanz
5 Umsatz von organischer Substanz
6 Prozesse gleicher Richtung
7 Umsatz von klastischer anorganischer Substanz
8 Grenze des topischen Systemelements im Strukturmodell des homogenen Naturraumes
9 Systemelement

Abb. 9: Landschaftsökologisches Modell/System
(nach H. Leser, Landschaftsökologie, S. 250)

Substanz) zum Ausdruck. Und natürlich besteht das Ziel physisch-geographischer, naturwissenschaftlicher quantitativer Landschaftsforschung (O. Fränzle) in der Messung und Quantifizierung dieser Beziehungen. Dafür eignen sich jedoch begrenzte, kleine Landschaften eher als große Landschaftsräume. So begegnet man einer derart quantitativ ausgerichteten Landschaftshaushaltsforschung - parallel zum Rückzug der systemorientierten Geomorphologie in die Hangforschung - notwendigerweise in kleinen Erdräumen.

R. Lang: Quantitative Untersuchungen zum Landschaftshaushalt in der Südöstlichen Frankenalb (= beiderseits der unteren Schwarzen Laaber); Regensburger Geographische Schriften, Heft 18, Regensburg 1982

Wenn landschaftsökologische Forschung sich mit großen Erdräumen beschäftigt, was prinzipiell möglich ist, so läuft sie vorläufig - solange die Schwierigkeiten der Messung und Quantifizierung von Beziehungen zwischen den verschiedenen Sachverhalten bestehen - auf naturräumliche Gliederung hinaus; allerdings wird dabei nicht wie in der traditionell angelegten naturräumlichen Gliederung nur auf einen Indikator - etwa die Vegetation - gesetzt, sondern es werden mehrere - möglichst viele - verknüpfend berücksichtigt.

D. Werner: Naturräumliche Gliederung des Ätna. Landschaftsökologische Untersuchungen an einem tätigen Vulkan; Göttinger Bodenkundliche Berichte, 3, Göttingen 1968

Der breite Ansatz der Landschaftsökologie, der nicht einseitig erdräumliche Wirkungsgefüge verfolgt, auf die Vielfalt der Beziehungen abzielt, bietet günstige Voraussetzungen für die wissenschaftliche Bewältigung der breit angelegten Umweltproblematik, bei der es ja um die Fülle der Wirkungen der Naturfaktoren geht.

Der Landschaftsökologie eröffnet sich ein weites Anwendungsfeld auf dem Gebiet der Umweltanalyse. In diesem Zusammenhang rückt der Aspekt der Bewertung naturräumlicher Sachverhalte und die Problematik der Bewertung in Form der Findung von Normen und Maßstäben, auch gesellschaftlichen, stärker als bisher in das Blickfeld naturwissenschaftlicher Forschung.

O. Fränzle (Hrsg.): Geoökologische Umweltbewertung. Wissenschaftstheoretische und methodische Beiträge zur Analyse und Planung; Kieler Geographische Schriften, Bd. 64, Kiel 1986

Weiterführende Literaturhinweise

Hinweise auf ausgewählte deutschsprachige Lehrbücher der Bodengeographie, Glaziologie, Hydrogeographie, Meeresgeographie und Tiergeographie mit zum Teil einführendem Charakter:

Bodengeographie:

A. Semmel: Grundzüge der Bodengeographie (Teubner Studienbücher Geographie); 2. Auflage Stuttgart 1983

H. Kuntze, J. Niemann, G. Roeschmann, G. Schwerdtfeger: Bodenkunde (UTB 1106); 4. Auflage Stuttgart 1988

Glaziologie:

F. Wilhelm: Schnee- und Gletscherkunde; Lehrbuch der Allgemeinen Geographie, Bd. 3, Teil 3; Berlin, New York 1975

Hydrogeographie:

R. Herrmann: Einführung in die Hydrologie (Teubner Studienbücher Geographie); Stuttgart 1977

J. Bauer: Hydrologie. Eine Einführung für Naturwissenschaftler und Ingenieure (UTB 1448); Heidelberg 1987

Meeresgeographie:

H.G. Gierloff-Emden: Geographie der Meere. Ozeane und Küsten; Lehrbuch der Allgemeinen Geographie, Bd. 5, Teil 1 und 2; Berlin, New York 1980

J.A. Ott: Einführung in die Meereskunde (UTB 1450); Stuttgart 1988

D. Kelletat: Physische Geographie der Meere und Küsten (Teubner Studienbücher Geographie); Stuttgart 1989

Tiergeographie:

J. Illies: Einführung in die Tiergeographie (UTB); Stuttgart 1971

P. Müller: Tiergeographie (Teubner Studienbücher Geographie); Stuttgart 1977

Ergänzende Literaturhinweise zum Stand einiger Teildisziplinen der allgemeinen Physischen Geographie aus einer Aufsatzreihe der Geographischen Rundschau, Braunschweig ("Stand und Aufgaben der Geographie"):

G. Stäblein: Geomorphologie und Geoökologie; in: Geographische Rundschau, 41. Jg., Braunschweig 1989, S. 468-473

H. Liedtke: Stand und Aufgaben der Eiszeitforschung; in: Geographische Rundschau, 38. Jg., Braunschweig 1986, S. 412-419

D. Fütterer: Marine polare Geowissenschaften; in: Geographische Rundschau, 40. Jg., Braunschweig 1988, Heft 3, S. 6-14

D. Kelletat: Küstenforschung; in: Geographische Rundschau, 39. Jg., Braunschweig 1987, S. 4-12

H. Hagedorn: Wüstenforschung; in: Geographische Rundschau, 39. Jg., Braunschweig 1987, S. 376-385

P. Frankenberg: Stand der geographischen Klimaforschung; in: Geographische Rundschau, 39. Jg., Braunschweig 1987, S. 244-252

F. Wilhelm: Die Hydrographie und ihre Arbeitsweisen; in: Geographische Rundschau, 41. Jg., Braunschweig 1989, S. 462-467

A. Semmel: Bodengeographie als geographische Disziplin. Böden als Spiegel der Ökologie einer Landschaft; in: Geographische Rundschau, 36. Jg., Braunschweig 1984, S. 318-324

H. Leser: Geoökologie. Möglichkeiten und Grenzen landschaftsökologischer Arbeit heute: in: Geographische Rundschau, 35. Jg., Braunschweig 1983, S. 212-221

Allgemeine Kulturgeographie. Während es für die allgemeine Physische Geographie nur eine Bezeichnung gibt, ist die Situation bei der Kulturgeographie eine andere, eine ganze Reihe von alternativen Bezeichnungen existieren: Kultur- und Sozialgeographie, Wirtschafts- und Sozialgeographie, Sozialgeographie als Oberbegriff, Anthropogeographie, Geographie des Menschen - ein Hinweis auf die Unschärfe des Gegenstandes.

Die Kulturgeographie hat es mit dem Wirklichkeitsbereich des Menschen als geistigem und sozialem Wesen in den Erdräumen zu tun, seinen Verhaltensweisen und ihren materiellen und kulturellen Rahmenbedingungen, hauptsächlich auf ökonomischem und sozialem Gebiet und in Bezug zu seinen Siedlungen. Dabei gehört der Mensch in seiner Physis auch dem Wirklichkeitsbereich der belebten Natur an und teilt mit ihr grundlegende biologische Eigenschaften (Geburt, Geschlecht, Alter, Tod).

Im Gegensatz aber zum größten Teil des Wirklichkeitsbereiches der belebten Natur transzendiert der Mensch diesen Bereich, indem er zu nur ihm eigener, geistiger, schöpferischer Betätigung fähig ist, die ihn erst zur Kultur im engeren Sinne führt. Zu den weiteren, nur dem Menschen eigenen Qualitäten gesellt sich sein großer, individueller Spielraum bei den Verhaltensweisen, wenn auch - in der Gruppe - Regelhaftigkeiten des Verhaltens festzustellen sind. Zum menschlichen

Handlungsspielraum gehört die kurzfristige Wandelbarkeit der Verhaltensweisen und Entschlüsse. Aus der Notwendigkeit, die Motive des menschlichen Verhaltens auf den verschiedenen Sachgebieten als Rahmenbedingungen zu erforschen, ergibt sich die Notwendigkeit der Beschäftigung mit den Bewußtseinsinhalten des Menschen, die angemessen zu ermitteln und quantitativ zu erfassen größere Schwierigkeiten bereitet - verglichen mit der auch nicht leichten Messung der Tatbestände der unbelebten und belebten Natur in den Naturwissenschaften.

Zum Wesen des Menschen gehört auch seine - aus der animalischen Herkunft stammende - territoriale Bindung, die er transformiert hat in ein Bedürfnis der Sinngebung seiner Verhaltensweisen, seiner Beziehungen zu den Mitmenschen und seiner Stellung in der näheren und ferneren Umgebung, in Heimat und Welt.

Vielleicht hängt es mit dem fließenden Charakter der Gegenstände der Kulturgeographie und ihrem ganzheitlich orientierten Streben als Geistes- und Sozialwissenschaft zusammen - verglichen mit der analytisch orientierten Naturwissenschaft -, daß zusammenfassende Darstellungen der Kulturgeographie auf verschiedenen Ebenen geschaffen wurden, auf der theoretischen Ebene (E. Wirth, D. Bartels), auf der empirischen Ebene (H. Hambloch; P. Dicken, P.E. Lloyd), auf der disziplingeschichtlichen Ebene (E. Thomale).

Als Begründer der jungen Teildisziplin Kulturgeographie wird F. Ratzel (1844-1904) angesehen. A. Hettner hat sich als Leitfigur der Methode der Geographie in der ersten Hälfte des 20. Jahrhunderts um eine - unvollendete - mehrbändige Gesamtdarstellung der Geographie des Menschen bemüht, die allerdings die heutige Grundorientierung an den Verhaltensweisen des Menschen und ihren Bedingungen vermissen läßt.

F. Ratzel: Anthropogeographie; 2 Bde. Stuttgart 1882, 1891

A. Hettner: Allgemeine Geographie des Menschen: (herausgegeben von H. Schmitthenner und E. Plewe) Bd. I Die Menschheit; Stuttgart 1947; Bd. II Wirtschaftsgeographie; Stuttgart 1957 (Nachdruck Darmstadt 1977)

H. Hambloch: Allgemeine Anthropogeographie; Geographische Zeitschrift, Beihefte; 5. Auflage Wiesbaden 1982

P. Dicken, P.E. Lloyd: Die moderne westliche Gesellschaft; New York 1984

E. Wirth: Theoretische Geographie. Grundzüge einer theoretischen Kulturgeographie (Teubner Studienbücher Geographie); Heidelberg 1979

D. Bartels: Zur wissenschaftstheoretischen Grundlegung einer Geographie des Menschen; Geographische Zeitschrift, Beihefte; Wiesbaden 1968

E. Thomale: Sozialgeographie. Eine disziplingeschichtliche Untersuchung zur Entwicklung der Anthropogeographie; Marburger Geographische Schriften, Heft 53, Marburg 1972

In dem Bestreben, das wissenschaftliche Niveau im Fach Geographie, besonders in der traditionell idiographisch verhafteten Kulturgeographie, anzuheben, ist es zur Formalisierung und Loslösung von traditionellen Inhalten der Kulturgeographie gekommen, werden Bewegung, Netze, Knotenpunkte, Hierarchien und Oberflächen als Untersuchungsgegenstände der Kulturgeographie gesehen:

P. Haggett (übersetzt von D. Bartels, B. u. V. Kreibich): Einführung in die kultur- und sozialgeographische Regionalanalyse; Berlin, New York 1973

Neben der Tendenz zur Entwicklung der Kulturgeographie in formalisierende Richtung steht eine andere Tendenz, der es um die Negierung der geisteswissenschaftlichen Komponente in der Kulturgeographie geht und den Ausbau der Kulturgeographie in enger Anlehnung an die quantifizierend arbeitenden Wirtschafts- und Sozialwissenschaften. Diese Richtung wird von D. Bartels in einem Sammelband vertreten:

D. Bartels (Hrsg.): Wirtschaft- und Sozialgeographie (Neue Wissenschaftliche Bibliothek); Köln, Berlin 1972

Angesichts des sich entfaltenden Wissenschaftspluralismus in der Kulturgeographie, des aufgekommenen Richtungsstreits, soll hier kein Bild von einem möglichen, zukünftigen Soll-Zustand der Kulturgeographie gezeichnet werden, sondern vom gegenwärtigen Ist-Zustand. Deshalb wird im folgenden auf die traditionellen Teilbereiche und Inhalte der Kulturgeographie, ihre wichtigsten Teildisziplinen, die Bevölkerungsgeographie, die Siedlungsgeographie, die Wirtschaftsgeographie und die Sozialgeographie (im engeren Sinne), eingegangen, und zwar in der Weise, wie das auch bei den wichtigsten Teildisziplinen der Physischen Geographie geschehen ist: von der vorwissenschaftlichen Erfahrung zur wissenschaftlichen Fragestellung, unter Erörterung der Abgrenzungsproblematik zu Nachbar- und Mutterwissenschaften, im Hinblick auf den Vollzug oder die Teilnahme an der Umbruchsituation.

Bevölkerungsgeographie. Eine Reihe von biologischen Grundgegebenheiten des Menschen, daß er geboren wird, daß er männlichen oder weiblichen Geschlechts ist, daß er im Laufe seines Lebens verschiedenen Altersklassen angehört, daß er sterblich ist und daß er sich im Erdraum bewegt - dies im Rahmen des größeren Mobilitätsphänomens als Erscheinungsform der Migration -, sind die Forschungsgegenstände der Bevölkerungsgeographie und benachbarter Wissenschaften. Wenn man - vergleichbar dem Verhältnis von Vegetationsgeographie zu Botanik - die Bevölkerungswissenschaft/Demographie als Mutterwissenschaft der heutigen Bevölkerungsgeographie ansieht, dann läßt sich folgende Reihe von Wissenschaften aufstellen, die sich mit den aufgezählten Grundgegebenheiten beschäftigen:

Bevölkerungsgeographie - Bevölkerungswissenschaft/Demographie - Bevölkerungssoziologie - Bevölkerungsgeschichte/Historische Demographie.

Auf der vorwissenschaftlichen Ebene begegnen uns allen Geburt, Geschlechtszugehörigkeit, Alter und Tod. Wenn im Kreise der Familie, der Verwandtschaft oder der Nachbarschaft ein Kind geboren wird, so nimmt man daran freudig Anteil. Die Beziehungen der Geschlechter spiegeln sich in allgemeiner Zuneigung. Jugend und Alter werden - je nach Kulturkreis - unterschiedliche Stellenwerte eingeräumt: im westlichen Kulturkreis besteht eine Tendenz zur Vergötzung der Jugendlichkeit, im östlichen Kulturkreis wird dem Alter hoher Respekt gezollt. Der Tod eines Menschen rührt seine Umgebung zu Trauer.

Diese vorwissenschaftlichen Erfahrungen von biologischen Grundgegebenheiten des Menschen vollziehen sich auf der individuellen und emotionalen Ebene. Sie unterscheiden sich damit deutlich von dem Umgang der Bevölkerungswissenschaft und ihren Nachbarwissenschaften mit ihnen.

Auf der bevölkerungswissenschaftlichen Ebene werden die biologischen Grundgegebenheiten des Menschen nicht nur emotionslos gesehen, sie werden auch von ihren individuellen Bezügen entkleidet. So stehen Geburt, Geschlecht, Alter, Tod und Bewegung des Menschen im Erdraum, insgesamt und gegliedert in Gruppen unterschiedlichster Art, im Blickfeld der Wissenschaften.

Die technische Grundlage für diese Sichtweise legt die statistische Erfassung der Phänomene. Dabei begnügt man sich nicht - wie oft in der (empirischen) Soziologie - mit einer Stichprobenerhebung, von der aus auf die größere Einheit geschlossen wird, sondern nimmt in der Regel eine Gesamterfassung vor, in einigen Entwicklungsländern eventuell Schätzungen. Volkszählungen werden in unterschiedlichem zeitlichem Abstand durchgeführt. Mit dieser Erfassungsweise ist für die Bevölkerungswissenschaft und ihre Nachbarwissenschaften die Voraussetzung für quantitative Feststellungen gegeben.

Zur Bevölkerungswissenschaft/Demographie als Mutterwissenschaft sind folgende umfangreiche (G. Mackenroth) und kurzgefaßte (K. Mayer, J.A. Hauser) deutschsprachige Lehrbücher zu nennen:

G. Mackenroth: Bevölkerungslehre. Theorie, Soziologie und Statistik der Bevölkerung; Berlin, Göttingen, Heidelberg 1953

K. Mayer: Einführung in die Bevölkerungswissenschaft (Urban-Taschenbuch, Bd. 161); Berlin, Köln, Mainz 1972

J.A. Hauser: Bevölkerungslehre für Politik, Wirtschaft und Verwaltung (UTB 1164); Bern, Stuttgart 1982

J.A. Hauser: Bevölkerungsprobleme der Dritten Welt (UTB 316); Bern, Stuttgart 1974

In dem noch immer grundlegenden Lehrbuch der Bevölkerungswissenschaft von G. Mackenroth werden die Gliederungen der Bevölkerung nach Geschlecht und Alter, die Geburten und die Sterbefälle als Hauptvariablen des Bevölkerungsprozesses angesehen. In der kurzen Einführung in die Bevölkerungswissenschaft von K. Mayer sind außer den Geburten und Sterbefällen auch die Wanderungen/Migrationen als Grundgröße abgehandelt.

Die statistischen Daten werden auf erdräumlicher Basis, in kleinen, mittleren und großen Erdräumen erhoben, d.h. in Stadtvierteln, Dörfern, Kleinstädten, Großstädten, Kreisen, Regierungsbezirken, Bundesländern, Staaten, Kontinenten. Um Vergleiche zu erleichtern, hat man als - grobe - Maße die Geburtenrate/ -ziffer und die Sterberate/-ziffer geschaffen, d.h. man setzt die Zahl der Geburten und die Zahl der Sterbefälle in Bezug zu 1000 Einwohnern im jeweiligen Erhebungsjahr. Verfeinerte Maßzahlen berücksichtigen die biologische Tatsache, daß nicht alle Menschen Kinder gebären können, sondern nur Frauen und von denen auch nur solche einer bestimmten Altersgruppe. Vergleichend gelangt man auf diese Weise zur Feststellung der Fruchtbarkeit verschiedener Bevölkerungsgruppen.

Durch die Erhebung der Grunddaten auf erdräumlicher Basis wird eine klassifikatorische Charakterisierung der kleinen und großen Erdräume unter den Aspekten der Altersstruktur, der Geschlechterproportion, der Geburten- und der Sterberate möglich.

Über den klassifikatorischen Ansatz hinaus, der in der Bevölkerungswissenschaft auch im Rückblick und Ausblick, also in Hinsicht auf den Bevölkerungsvorgang, vorgenommen wird, werden die ermittelten demographischen Werte in ihren Bedingungszusammenhang, d.h. in den gesellschaftlichen Kontext, hineingestellt. Die demographischen Gruppen werden mit Gruppen anderer Merkmalsträger, sozialen Gruppen der Unter-, Mittel- und Oberschicht oder wirtschaftlichen Gruppen der Beschäftigten im primären, sekundären und tertiären Sektor oder kulturellen Gruppen der Angehörigen verschiedener Religionen, in Beziehung gesetzt. Die Unterschiede der Altersstruktur, der Geschlechterproportion, der Geburten- und Sterberate in Stadt und Land und in den Industrie- und Entwicklungsländern sind dabei nicht nur auf soziale und ökonomische Rahmenbedingungen zurückzuführen, sondern auch mit kulturell-geistig-ethischen Normen und Werten zu begründen.

Aus dem gesellschaftlichen Kontext ergeben sich im funktionalen Zusammenhang erste Tendenzen zur Übernahme der Systemkonzeption in die Bevölkerungswissenschaft (J.A. Hauser, 1982, Fig. 2).

In dem Bemühen, Maßstäbe zur Beurteilung demographischer Gegebenheiten (kleiner und großer Erdräume) zu entwickeln, ist man in der Bevölkerungswissenschaft zur Schaffung von Modellen und (weichen) Theorien gelangt.

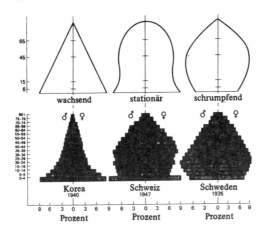

Abb. 10: Graphische Modelle typischer Altersstrukturen der Bevölkerung verschiedener Länder (nach J.A. Hauser, 1982, S. 70)

Wenn man die Altersklassen der Bevölkerung eines Erdraums - von einer vertikalen Achse aus beidseitig, nach Männern und Frauen differenziert, entsprechend ihrem zahlenmäßigen Anteil abbildet, ergeben sich geometrische Formen der Pyramide, Glocke und Urne, die wachsende, stationäre oder schrumpfende Bevölkerung bedeuten (Abb. 10).

Aus der Entwicklung der Geburten- und der Sterberaten in zahlreichen Industrieländern seit Einsetzen der Herausbildung der Industriegesellschaft lassen sich Kurven konstruieren (Abb. 11) - als Durchschnittswerte -, die wieder als Maßstab zur Beurteilung der Entwicklung von Geburten- und Sterberaten anderer Länder, Industrie- und Entwicklungsländern, herangezogen werden können.

Es fragt sich, worin sich die Sichtweise der Bevölkerungsgeographie von der der Bevölkerungswissenschaft unterscheidet, bzw. worin sie übereinstimmen.

Wenn man eine ältere Bevölkerungsgeographie aus der Zeit vor dem Zweiten Weltkrieg, einer jüngeren gegenüberstellt, dann differieren beide beträchtlich. In der älteren Bevölkerungsgeographie ging es hauptsächlich um die Bevölkerungsdichte und -verteilung in kleinen und großen Erdräumen ohne weitergehende Differenzierung der Bevölkerung. Dies lief in der Darstellung auf Bevölkerungskarten hinaus, die in Flächen- oder Punktmanier die Bevölkerungsverteilung des jeweiligen Gebietes aufzeigen, wobei Flächenmanier die Wiedergabe der Bevölkerung mittels einer Signatur bedeutet, die auf der gesamten Fläche eingetra-

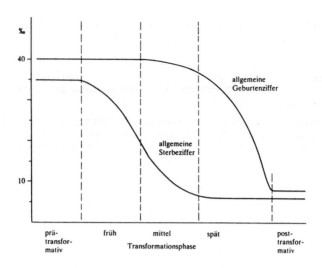

Abb. 11: Modell des demographischen Übergangs/Theorie der demographischen Transformation in graphischer Darstellung
(nach J.A. Hauser, 1974, S. 131)

gen wird, während es sich bei der Punktmanier um die Wiedergabe der Bevölkerung durch kleine oder größere Punkte an den topographisch richtigen Stellen handelt. Unter dem Einfluß der älteren Bevölkerungswissenschaft, in der es durch Th.R. Malthus (1766-1834) auch um die Beziehungen zwischen Bevölkerungswachstum und Nahrungsmittelproduktion ging, wurde von A. Penck (1858-1945) das Problem der (Bevölkerungs-)Tragfähigkeit der Erde (in naturräumlichem Bezug) aufgegriffen.

Die neue Bevölkerungsgeographie der Zeit nach dem Zweiten Weltkrieg präsentiert sich völlig verändert.

W. Kuls: Bevölkerungsgeographie. Eine Einführung (Teubner Studienbücher Geographie); Stuttgart 1980

J. Leib, G. Mertins: Bevölkerungsgeographie (Das Geographische Seminar); Braunschweig 1983

J. Bähr: Bevölkerungsgeographie (UTB 1240); Stuttgart 1983

W. Kuls (Hrsg.): Probleme der Bevölkerungsgeographie; Wege der Forschung, Bd. 468; Darmstadt 1978

Zunächst muß festgehalten werden, daß die statistischen Grunddaten der Bevölkerungsgeographie die gleichen sind wie die der Bevölkerungswissenschaft; es geht auch in der Bevölkerungsgeographie um durch Gebürtigkeit, Geschlechts-, und Alterszugehörigkeit sowie Sterblichkeit gekennzeichnete Bevölkerungsgruppen. Allerdings kommt bei der Bevölkerungsgeographie, und das drückt sich in allen drei Lehrbüchern von W. Kuls, J. Leib/G. Mertins und J. Bähr aus, die Beschäftigung mit der Bewegung des Menschen im Erdraum in den Erscheinungsformen der Wanderungen hinzu, die bei G. Mackenroth nur am Rande, bei K. Mayer kurz berücksichtigt worden ist.

Daß die statistische Erhebungsbasis kleine und große Erdräume sind, entspricht dem fachtypischen Erdraumbezug der (Bevölkerungs-)Geographie.

Eine weitere Übereinstimmung mit der Bevölkerungswissenschaft besteht bei der Bevölkerungsgeographie insofern, als auch sie nicht einseitig die demographischen Daten in ökonomischem oder sozialem oder kulturellem Zusammenhang sieht, sondern in dem breiten, übergreifenden Kontext, den man auch in der Bevölkerungswissenschaft im Auge hat; mathematisch-statistische Verfahren werden dabei eingesetzt.

Angesichts der Nachbarschaft der Kulturgeographie zur Physischen Geographie sieht die Bevölkerungsgeographie auch die naturräumlichen Bedingungen des Bevölkerungsvorganges im Rahmen der physischen Anthropogeographie (KH. Paffen; J. Leib, G. Mertins).

Da die Bevölkerungsgeographie nicht allzu weit in die Vergangenheit zurückblickt - im Gegensatz zur Historischen Demographie -, sondern aktuelle Bevölkerungsstrukturen, -prozesse und -veränderungen untersucht, erfahren - bei dem wichtigen Thema Wanderungen - die gegenwärtigen Vorgänge der Landflucht und Verstädterung in der Dritten Welt die notwendige Aufmerksamkeit; es sind Prozesse, die sich in den Industrieländern in der Vergangenheit, bei der räumlichen Umstrukturierung der Bevölkerungsverteilung im Zuge der Herausbildung der Industriegesellschaft, abgespielt haben.

Aus der Bevölkerungswissenschaft hat die Bevölkerungsgeographie zwar nicht den Systemansatz, so doch grundlegende Modelle (Abb. 10) und (weiche) Theorien, vor allem das Modell des demographischen Übergangs/die Theorie der demographischen Transformation (Abb. 11) übernommen und wendet sie in differenzierter Weise auf die Bevölkerungsprobleme, besonders der Entwicklungsländer, an (J. Bähr).

Auch die Bevölkerungssoziologie baut auf den gleichen statistischen Basisdaten wie die Bevölkerungswissenschaft und die Bevölkerungsgeographie auf.

J. Schmid: Einführung in die Bevölkerungssoziologie (rororo studium); Reinbek 1976

K.M. Bolte, D. Kappe, J. Schmid: Bevölkerung (UTB 986); 4. Auflage Opladen 1980

Aus der Kombination mit dem Fach Soziologie ergibt sich naturgemäß, daß außer auf Fertilität und Mortalität vor allem auf den sozialen und sozioökonomischen Bedingungszusammenhang des Bevölkerungsprozesses eingegangen wird, ebenfalls unter Heranziehung von Modellen und Theorien.

Aus dem funktionalen Zusammenhang der Rolle der Bevölkerung in der gesellschaftlichen Entwicklung läßt sich - unter nordamerikanischem Einfluß - eine Tendenz zur Übernahme der Systemkonzeption erkennen (J. Schmid): die Gesellschaft wird als System gesehen, in dem die Bevölkerung als variable Größe funktioniert.

Von daher ergibt sich ein prognostischer Anwendungsbezug in der Bevölkerungssoziologie, wie er bisher von der Bevölkerungsgeographie nicht aufgegriffen worden ist. Die Altersproportion der Bevölkerung eines Erdraums, das Verhältnis der jüngeren, erwerbstätigen Bevölkerung zur älteren, im Ruhestand lebenden, erheischt angesichts der zunehmenden Lebenserwartung und damit des zunehmenden Anteils der älteren Bevölkerung und angesichts der geringen Kinderzahl in den hochentwickelten Industriegesellschaften als Versorgungsproblematik der Rentnergeneration zunehmende Aufmerksamkeit.

Natürlich baut auch die Bevölkerungsgeschichte/Historische Demographie auf prinzipiell den gleichen statistischen Daten über Geburt, Geschlecht, Alter, Tod und Wanderungen der Bevölkerung auf wie die übrigen wissenschaftlichen Disziplinen, die sich mit dieser Materie befassen.

A.E. Imhof: Einführung in die Historische Demographie (Beck'sche Elementarbücher); München 1973

W. Köllmann, P. Marschalck (Hrsg.): Bevölkerungsgeschichte (Neue Wissenschaftliche Bibliothek); Köln 1972

Der Blick der Historischen Demographie ist in die Vergangenheit gerichtet. Daraus resultiert ein Problem der Datengrundlage. Volkszählungen sind eine relativ junge Erscheinung im Rahmen staatlicher Organisation. Zwar wurden in der älteren Vergangenheit der heutigen Industrieländer Register über Geburten und Sterbefälle geführt, sie sind aber - je weiter sie zurückreichen, desto ungünstiger - keine vergleichbare Grundlage für die Arbeit der historischen Demographen wie heutige Volkszählungen. So bemüht man sich um die Heranziehung auch anderer Quellen als Statistiken und Register, rückt so in die Nähe philologischer Textauswertung.

Die Bevölkerungshistoriker schließen auch Wanderungen in ihre Untersuchungen des Bevölkerungsprozesses ein. Sie befassen sich also außer mit dem Phänomen der Auswanderung aus den heutigen Industrieländern in deren Vergangenheit auch mit den umfangreichen historischen Binnenwanderungen, der historischen Landflucht und Verstädterung. Diese von den historischen Demographen untersuchten Vorgänge standen am Anfang der Herausbildung der Industriegesellschaft in den heute hochentwickelten Industrieländern. Die Bevölkerungsgeographie untersucht vergleichbare Prozesse in den heutigen Entwicklungsländern. Diese fachliche Aufspaltung auf zwei Teildisziplinen ist keine gute Voraussetzung für eine interdisziplinäre, vergleichende, auch zeitlich übergreifende Betrachtungsweise.

Die Bevölkerungswissenschaft ist ein Kind der Umwälzungen der Bevölkerungsweise, die am Beginn der Herausbildung der Industriegesellschaft standen, die sich nach 1750 auf den Britischen Inseln zu vollziehen begann. So war ein Engländer einer der Begründer der Bevölkerungswissenschaft, Th.R. Malthus (1766-1834), als sich in England ein außerordentliches Bevölkerungswachstum durch Absinken der Sterberate bei unverändert hohem Niveau der Geburtenrate zeigte, während die Zunahme der Nahrungsmittelproduktion damit nicht Schritt halten konnte: das Problem der Überbevölkerung entstand.

In England setzten früh, bereits 1801, umfassende Volkszählungen ein. Auf dieser Basis und unter dem Eindruck der Erfolge der Naturwissenschaften gegen Ende des 19. Jahrhunderts war es wiederum ein früher englischer Bevölkerungswissenschaftler, E.G. Ravenstein, der 1885/1899 seine Laws of Migration publizierte, der also das Thema Binnenwanderungen in die Bevölkerungswissenschaft einbrachte und der glaubte, in dem vom Entscheidungsspielraum des Menschen bestimmten Bereich Naturgesetzlichkeiten der Landflucht und Verstädterung erkennen zu können. Indem er auf der Grundlage der ausführlichen und differenzierten englischen Bevölkerungsstatistiken Karten der Bevölkerungsverteilung entwarf, kann E.G. Ravenstein auch als früher Bevölkerungsgeograph angesehen werden.

Allerdings erfolgte im Zusammenhang mit dem Thema Wanderungen noch kein Einbezug der Motivforschung, obwohl dem Aufbruchsentschluß ganz sicher Motive unterschiedlichster Art vorausgehen; im Übergangsbereich zur Soziologie wurde dieser Ansatz früh von französischer Seite der Bevölkerungswissenschaft/Soziologie beigesteuert.

Fragt man sich, ob ein Umbruch in der Bevölkerungsgeographie zu erkennen ist bzw. worin er eventuell besteht, dann muß herausgestellt werden, daß er nach dem Zweiten Weltkrieg durch die Abkehr von alten Ansätzen und die volle Öffnung zur Bevölkerungswissenschaft erfolgt ist. Der Systemansatz, in der Bevölkerungswissenschaft und in der Bevölkerungssoziologie im Vordringen, ist in der Bevölkerungsgeographie noch nicht zu erkennen. Die zögernde Übernahme der Systemkonzeption in die mit Bevölkerungssachverhalten befaßten Wissenschaften führte bisher zu einer überwiegend qualitativen Darstellung der einflußnehmenden Faktoren, nicht zu einer quantitativen Erfassung der Beziehungen, was wegen der komplizierten Verhältnisse gesellschaftlicher Bedingungen schwer möglich sein dürfte. Quantifizierende Beziehungen von Bevölkerungsbilanzen aufzustellen, ist noch nicht unternommen worden.

Was die Anwendung von Modellen und Theorien als Teilphänomen der Umbruchsituation angeht, so ist dies nicht nur in der Bevölkerungswissenschaft, der Bevölkerungssoziologie und der Bevölkerungsgeschichte, sondern auch in der Bevölkerungsgeographie gang und gäbe, und es bedarf kaum des Hinweises auf R.J. Chorley und P. Haggett.

E.A. Wrigley: Demographic Models and Geography; in: R.J. Chorley, P. Haggett (Hrsg.): Socio-Economic Models in Geography: London 1967, S. 189-215

Siedlungsgeographie. Die Siedlungen des Menschen sind im Grunde die Zusammenfassungen seiner Wohn- und Arbeitsstätten, sind die Standorte der ökonomischen Einheiten, der Betriebe, und der sozialen Einheiten, der Haushalte.

Die Siedlungen des Menschen reichen über ein außerordentliches Spektrum von Erscheinungsformen: von der naturbelassenen Höhle über das von Menschen geschaffene, transportable, temporär aufgestellte (Nomaden-)Zelt, den Einzelhof seßhafter Bauern, das Dorf, die Kleinstadt, die Großstadt bis hin zur Weltstadt, zur Conurbation oder Megalopolis, wie sie das Ruhrgebiet und die Städtereihe von Boston über New York, Philadelphia und Baltimore bis Washington darstellen, wobei jede dieser Siedlungen die Millioneneinwohner-Grenze überschreitet.

Mit der Fülle von Erscheinungsformen verbindet sich ein nicht minder ausgeprägtes Spektrum der Größenordnungen. Während die Naturhöhle oder das Nomadenzelt einem Sippenhaushalt als Behausung dient, stehen am anderen Ende der Größenskala schwer abgrenzbare Siedlungsgebilde, die so ausgedehnt sind, daß sie Anspruch auf eigene staatliche Anerkennung erheben können.

Mit den höheren Größenordnungen der Siedlungen verbindet sich nicht nur wegen der großen Anzahl der Wohn- und Arbeitsstätten, sondern aufgrund der gesellschaftlichen Arbeitsteilung eine außerordentliche Komplexität der sie konstituierenden Elemente und Beziehungen. Prinzipiell können Siedlungen nach ihrer internen Struktur und ihren Beziehungen zur Umgebung als funktionierende, sich in der Zeit verändernde, also dynamische (Erdraum-)Systeme aufgefaßt werden.

Grob lassen sich Siedlungen in ländliche, städtische und dazwischen stehende einteilen (G. Schwarz). Die Abgrenzung von ländlichen und städtischen Siedlungen ist fließend und schwierig. In Ländern mit geringer (ländlicher) Siedlungsdichte und vorherrschender Einzelhofbebauung, wie z.B. in Dänemark, können Siedlungen mit mehr als 500 Einwohnern schon als Städte klassifiziert werden. In mediteranen Ländern mit hoher (ländlicher) Siedlungsdichte können Siedlungen mit 10 000 Einwohnern, von denen ein großer Teil landwirtschaftlichen Beschäftigungen nachgeht, noch als Dörfer bezeichnet werden.

Zur Beantwortung der Frage nach den Wissenschaften, die sich mit Siedlungen befassen, und ihrem Verhältnis zueinander, speziell, ob es eine Mutterwissenschaft der Siedlungsforschung gibt, bedarf es zunächst der Herausstellung wichtiger Eigenschaften und Aspekte der Siedlungen.

Siedlungen sind - ob groß oder klein - in eine natürliche Umgebung eingebettet; ihnen werden von daher Existenzbedingungen gesetzt. Nomadenzelte schlägt man dort auf, wo - wenigstens vorübergehend - Weiden von den Viehherden der Nomaden genutzt werden können. Städte müssen sich mit ihrem Baugrund auseinandersetzen, der - wie in London - sich durch relativ leicht zu bearbeitendes, aber tragfähiges Kalkgestein zur Anlage eines U-Bahnnetzes eignen kann. Alle Siedlungen sind den klimatischen Bedingungen unterlegen und müssen sich mit Schnee und Regen oder Trockenheit und Hitze arrangieren.

Zu dem naturräumlich-ökologischen Aspekt von Siedlungen kommt, daß sie - ob groß oder klein - eine Gestalt, d.h. Grundriß und Aufriß, besitzen. Bei einer Gruppe beieinanderstehender Nomadenzelte spielt der Grundriß eine geringe Rolle, erlangt aber bei Städten durch seine Schachbrett-, Leiter-, Strahlen- oder auch unregelmäßige Form für den Verkehr besondere Bedeutung. Der Aufriß von Siedlungen reicht von der Zeltform bis zur Skyline mit Wolkenkratzern in nordamerikanischen Städten und läßt dazwischen eine außerordentliche Formenvielfalt erkennen, in der historisch-kulturelle, ökonomisch-technische und soziale Bedingungen zum Ausdruck kommen.

Zu diesem physiognomischen Aspekt der Siedlungen gesellt sich der noch bedeutsamere ökonomische Aspekt. Als Standorte der ökonomischen Grundeinheiten, der kleinen und großen Betriebe, sind in ländlichen Siedlungen grundsätzlich Betriebe der Landwirtschaft, des primären Sektors, vorhanden. Da Landwirtschaft nicht nur in Entwicklungsländern, sondern auch in hochentwickelten Industrieländern flächengebunden betrieben wird, gehören diese Flächen, seien sie acker- oder viehwirtschaftlich genutzt, zu ländlichen Siedlungen (im engeren Sinne) dazu, werden sie doch von den Wohnstätten aus bewirtschaftet.

Der ökonomische Aspekt bringt einen wesentlichen funktionalen Unterschied zwischen ländlichen und städtischen Siedlungen mit sich: in den städtischen Siedlungen spielt die Landwirtschaft - allenfalls an der Peripherie vertreten - eine sehr untergeordnete Rolle; hier sind es der sekundäre Sektor - in der traditionellen Form als Handwerk oder in der modernen Erscheinungsform als Industrie - und der tertiäre Sektor - als Dienstleistungsbereich, der sich ebenfalls in einer Vielzahl von Erscheinungsformen darbietet -, die die Funktionen der städtischen Siedlungen prägen.

Man kann darüber streiten, ob der in großen oder kleinen Siedlungen bedeutsame Verkehr, der der Verknüpfung der verschiedenen Standorte dient, als eigenständiger Bereich oder als Teil des ökonomischen Aspektes aufgefaßt werden soll. Auch in kleinen ländlichen Siedlungen müssen die Wohnstätten und die Betriebsflächen - täglich - miteinander verbunden werden. In großen städtischen Siedlungen hat im Laufe industriegesellschaftlicher Entwicklung der Verkehr zur Verknüpfung der arbeitsteiligen Betriebsstätten untereinander, der Wohnstätten untereinander, der Wohnstätten mit den Betriebsstätten, mit den Einkaufsstätten und den Stätten der Freizeit im Zuge der massenhaften, individuellen Motorisierung so zugenommen, daß in den Zeiten der rush hour/peak period die Innenstädte vom Verkehrsinfarkt bedroht sind.

Die Siedlungen, ob groß oder klein, sind auch Standorte der sozialen Grundeinheiten, der Haushalte. Sie prägen die Funktion des Wohnens in den Siedlungen. Die Haushalte lassen sich, in kleinen und großen, ländlichen und städtischen Siedlungen, nach verschiedenen Gesichtspunkten unterscheiden. Während in ländlichen Siedlungen, selbst in hochentwickelten Industriegesellschaften, die Haushalte relativ groß sind und sich aus Angehörigen mehrerer Generationen zusammensetzen, besteht in den großen städtischen Siedlungen hochentwickelter Industriegesellschaften eine ausgeprägte Tendenz zur Verminderung der Haushaltsgröße und zur Verselbständigung der ehemals in **einem** Haushalt wohnenden Mitglieder: die Einpersonenhaushalte nehmen bedeutsam zu.

Ein anderer wichtiger Gesichtspunkt im Zusammenhang mit dem sozialen Aspekt des Wohnens in Siedlungen ist - allerdings nur in größeren städtischen Siedlungen - der der Zugehörigkeit der Haushalte zur Unter-, Mittel- oder Oberschicht, der sich in einem mehr oder weniger aufwendigen Stil des Wohnens niederschlägt und daher auch das Erscheinungsbild, die Physiognomie der (Wohn-)Siedlungen - von der räumlichen Struktur ganz zu schweigen - bedeutsam prägt.

Mit den ökonomischen und sozialen Bedingungen in engem Zusammenhang stehen die demographischen Merkmale der Bevölkerung von Siedlungen. Unterschiede der Geburtenrate zwischen ländlichen und städtischen Siedlungen, selbst in den Industrieländern, bestimmen die Zusammensetzung der Einwohnerschaft nach ihrer Altersstruktur. Umfangreiche Migrationen, besonders Land-Stadt-Wanderungen, in der heutigen Zeit in den Entwicklungsländern, verändern nicht nur die anteilmäßige Relation ländliche - städtische (Siedlungs-)Bevölkerung eines Landes, sondern prägen auch bevölkerungsstrukturell die ländlichen Siedlungen durch Abwanderung, die städtischen durch Zuwanderung.

Wenn man in den modernen Sozialwissenschaften und auch in der Sozialgeographie dazu gekommen ist, nach den Verhaltensweisen der Menschen, ihren Bedingungen und Motiven zu fragen, dann stellt sich diese Aufgabe auch im Zusammenhang mit den Menschen in den ländlichen und städtischen Siedlungen. So ergeben sich Fragen nach den Bedingungen und Motiven der erdräumlichen Orientierung, speziell in den Siedlungen, beim Arbeiten, Wohnen, Sich-Ausbilden, Einkaufen, Sich-Erholen, beim Leben-in-der-Gemeinschaft, im Sinne der Grunddaseinsfunktionen; daraus resultiert eine wichtige Art der Strukturierung von ländlichen und städtischen Siedlungen.

Wenn man von (temporären) Niederlassungen der Nomaden und squatter-Quartieren am Rande der Städte in den Entwicklungsländern absieht, entstehen Siedlungen in der Regel nicht spontan oder schlagartig, sondern entwickeln sich - meist aus kleinen Anfängen heraus - über längere Zeit, wachsen von ländlichen Siedlungen zu städtischen heran, in eine neue Größenordnung hinein. Die jeweils nachfolgenden Einwohner haben sich mit dem zuvor Geschaffenen auseinanderzusetzen. Siedlungen - ländlichen und städtischen - kommt somit ein historisch-genetischer Aspekt zu.

Selbst bei ländlichen Einzelhöfen kann innerhalb der Hofteile eine innere Differenzierung unterschieden werden: ein Teil dient dem Wohnen der Betriebsfamilie, ein anderer Teil der Unterbringung des Viehs oder der Ernte, ein wiederum anderer Teil der Unterbringung der Gerätschaften. In größeren, vor allem städtischen Siedlungen bilden mehrere größere oder kleinere Betriebe des sekundären oder tertiären Sektors sowie jeweils eine größere Zahl von Haushalten eigene Funktionsviertel des Arbeitens bzw. des Wohnens. Größere städtische Siedlungen lassen eine meist deutlich ausgeprägte, räumliche Struktur erkennen: Industrieviertel, Wohngebiete, die City.

Außer dem binnenstrukturellen Aspekt von Siedlungen ist, auf ebenfalls funktionaler Grundlage, der Aspekt der Beziehungen der Siedlungen zu ihrer Umgebung, und zwar im ökonomischen Zusammenhang zu unterscheiden. Wenn man bei ländlichen Siedlungen die Wohn- und Betriebsgebäude zusammen mit den Betriebsflächen als Einheit auffaßt, so sind Städte vom ländlichen Raum umgeben, für den sie Aufgaben/Funktionen erfüllen (wie auch der ländliche Raum für die Städte - hauptsächlich durch die Nahrungsmittelproduktion - Aufgaben/Funktionen erfüllt). Zu dem ökologischen Aspekt der Einbettung der Siedlungen in den Naturraum gesellt sich der ökonomische Aspekt der arbeitsteiligen, funktionalen Verknüpfung der Siedlungen mit der Umgebung. Die Städte bieten ihre industrielle Produktion und ihre Dienstleistungen der Kultur, der Administration, der Ausbildung, der medizinischen und einkaufsmäßigen Versorgung, außer ihrer eigenen Bevölkerung auch der des umgebenden ländlichen Raumes an.

Selbst bei kleinen ländlichen Siedlungen bedarf es angesichts ihrer Heterogenität - noch viel mehr gilt dies für die außerordentliche Komplexität der großen städtischen Siedlungen - der Abstimmung ihrer Struktur und Funktionen, d.h. der Organisation. So kommt allen Siedlungen auch ein kommunaler Aspekt behördlicher Administration, verbunden mit einem zwischen ländlichen und städtischen Siedlungen meist unterschiedlichen, juristischen Status zu.

Im Rahmen der Aufzählung von Wesensmerkmalen der Siedlungen darf nicht vergessen werden, daß vor allem die großen städtischen Siedlungen kulturell eine eigene Qualität darstellen. Je nach Standpunkt des Betrachters werden sie als Horte der Zivilisation und Kultur angesehen, die sich von ihnen aus in den ländlichen Raum, in die ländlichen Siedlungen ausbreitet, oder als Abgründe der Unkultur, die von ihnen aus ihren Weg in den ländlichen Raum, in die ländlichen Siedlungen, nimmt.

Die Merkmalsliste der Siedlungen sollte deutlich machen, daß die ländlichen und städtischen Siedlungen in ihren überaus vielfältigen, nicht vollständig aufgezählten Aspekten quasi Mikrokosmen der menschlichen Gesellschaft darstellen. Angesichts dieser Vielzahl von Erscheinungen nimmt es nicht wunder, daß es eine Vielzahl von Wissenschaften ist, die sich mit Siedlungen beschäftigen, d.h. daß es eine Mutterwissenschaft der Siedlungsforschung, ein Verhältnis, wie es in der Beziehung der Bevölkerungswissenschaft zur Bevölkerungsgeographie zum Ausdruck kommt, nicht gibt. Es läßt sich eine Reihe von Wissenschaften aufzählen, die sich jeweils mit ausgewählten Aspekten der Siedlungen auseinandersetzen:

Siedlungssoziologie - Siedlungsgeschichte - Siedlungsgeographie.

Andere Wissenschaften, die sich mit wieder anderen Aspekten von Siedlungen befassen, die hier nicht berücksichtigt werden, wären:

Bau- und Architekturwissenschaft - Kunstgeschichte - Verkehrswissenschaft - Kommunalwissenschaft.

Bevor auf die Siedlungssoziologie und die Siedlungsgeschichte als Nachbarwissenschaften und die Siedlungsgeographie selbst eingegangen wird, soll die Frage nach der Art der vorwissenschaftlichen Begegnung mit Siedlungen gestellt werden.

Wir alle erfahren Siedlungen, und zwar ländliche oder städtische Siedlungen, als ländliche oder städtische Lebenswelten (im Sinne des E. Husserl'schen Begriffes von Lebenswelt). In den Entwicklungsländern heute und in den Industrieländern in deren Vergangenheit, als die ländlichen Siedlungen dominierten, war die am weitesten verbreitete lebensweltliche Erfahrung die der ländlichen Siedlung; in den Industrieländern heute dominiert - nach dem Vorgang der Verstädterung - die städtische Lebenswelt.

Mit anderen Worten: die Menschen sind entweder in Dörfern oder in Städten aufgewachsen und von daher in ihren Erfahrungen geprägt. Über die Hälfte der Menschheit lebt heute in Städten, die Entwicklungsländer eingeschlossen.

Im ländlichen Raum - und das ist ein wichtiges Merkmal nichturbaner Lebenswelt - gibt es, angesichts der geringen Größe der Siedlungen, die Überschaubarkeit, die das Leben erleichtern kann. Der Städter verbindet mit der ländlichen, oft dörflichen Siedlung deshalb auch Vorstellungen der Idylle. Soziologische Forschungen (A. Ilien, U. Jeggle) lassen diesen Eindruck nicht unbedingt als berechtigt erscheinen: im Dorf kennt jeder jeden und weiß von jedem (fast) alles, d.h. der Schutz der Anonymität (der Großstadt) fehlt, und dies kann das Leben auch schwer erträglich machen.

In den Städten, besonders in den großen Städten, ist die lebensweltliche Grundsituation eine andere: infolge der Größe der Siedlungen fehlt es an Überschaubarkeit; die Siedlung kann als Ganzheit vom einzelnen Menschen nicht mehr erfaßt werden. Die Beziehung des Großstädters zu seiner Siedlung ist die der selektiven Sichtweise.

Er kennt seine nähere Umgebung, sein Wohnviertel, auch die Umgebung seines Arbeitsplatzes, auch noch die zu seiner Stadt gehörigen Naherholungsräume; er weiß auch, wo sich welche Einkaufsmöglichkeiten der täglichen, mittelfristigen und langfristigen Bedarfsdeckung befinden, er kennt die City seiner Stadt; aber über diese selektiven, von den Grundverhaltensweisen bestimmten, räumlichen Orientierungen in seiner Stadt hinaus bleibt ihm deren flächendeckende Kenntnis in der Regel verschlossen.

Befragungen von Städtern in Los Angeles und Rom und Aufforderungen, einen Orientierungsplan aus dem Kopf zu zeichnen, haben eine Selektion städtischer Gegebenheiten und Distanzen erwiesen, die das Image des Städters von seiner Stadt weit von der Wirklichkeit entrücken (H. Carter, F. Vetter, 1980).

Im überschaubaren Rahmen ihrer Wohngegend fühlen sich Städter angesprochen, durch Mitwirkung an der Raumgestaltung ihre städtische Lebenswelt zu verbessern, was zu der Bewegung der lokalen Bürgerinitiativen geführt hat.

Die übergroße Vielfalt des Phänomens Siedlung stand - so wurde ausgeführt - der Entstehung einer übergreifenden Siedlungswissenschaft bisher entgegen. Die Siedlungsgeographie und ihre Nachbardisziplinen beschränken sich auf die Auseinandersetzung mit Teilaspekten der Siedlungen. Dabei bilden Siedlungssoziologie, Siedlungsgeschichte und Siedlungsgeographie eine zusammengehörige Gruppe.

Einführende Veröffentlichungen zur Siedlungssoziologie:

B. Hamm: Einführung in die Siedlungssoziologie (Beck'sche Elementarbücher); München 1982

P. Atteslander, B. Hamm (Hrsg.): Materialien zur Siedlungssoziologie (Neue Wissenschaftliche Bibliothek); Köln 1974

R. König: Grundformen der Gesellschaft. Die Gemeinde; Hamburg 1958

R. König (Hrsg.): Soziologie der Gemeinde; Kölner Zeitschrift für Soziologie und Sozialpsychologie, Sonderheft 1; 4. Auflage Opladen 1972

H. Korte u.a.: Soziologie der Stadt (Grundfragen der Soziologie, Bd. 11); München 1972

H. Korte: Stadtsoziologie; Erträge der Forschung, Bd. 234; Darmstadt 1986

J. Friedrichs: Stadtanalyse. Soziale und räumliche Organisation der Gesellschaft; 3. Auflage Opladen 1983

Allein im Fach Soziologie sind die Aspekte, die im Zusammenhang mit dem Thema Siedlungen aufgegriffen werden, vielfältig. B. Hamm (1982) sieht als grundlegenden Ansatz der Siedlungssoziologie die Beschäftigung mit der Wechselwirkung zwischen (Siedlungs-)Raum und Gesellschaft: einerseits wird der Siedlungsraum durch die Gesellschaft strukturiert, andererseits wirkt der gegebene Siedlungsraum auf die Gesellschaft ein. Als Beispiel führt er die mit dem Ablauf des Lebenszyklus sich wandelnden Ansprüche an den Siedlungsraum an: in der Familiengründungsphase werden andere gestellt als in der Expansionsphase, wenn Kinder hinzukommen, oder in der Reduktionsphase, wenn die (erwachsenen) Kinder aus dem Haus gehen, oder der Altersphase, wenn vielleicht nur ein Elternteil noch lebt. Für die zweite Art der Einwirkung nennt B. Hamm den Vorgang der Umwandlung eines Dorfes in Stadtnähe, das zum Villenvorort wird.

In kleinen ländlichen und großen städtischen Siedlungen ist Nachbarschaft ein wesentliches Charakteristikum: räumliche Nähe, die soziale Nähe, aber auch soziale Distanz bedeuten kann (R. König).

Der Soziologe H.P. Bahrdt sieht die Polarität von Privatheit und Öffentlichkeit als Wesensmerkmal der Großstadt an: auf dem Markt der Stadt, in den öffentlichen Verkehrsmitteln begegnen sich die Städter in der Öffentlichkeit; ihre Wohnungen erlauben ihnen den Rückzug in die Privatheit.

Makrosoziologische und mikrosoziologische Betrachtungsweise, Prozeßanalyse und Strukturanalyse begegnen sich in der Siedlungssoziologie (P. Atteslander, B. Hamm, 1974).

Bei F. Friedrichs stehen - beeinflußt von der nordamerikanischen, sozialökologischen Stadtforschung - die soziale Schichtung der städtischen Bevölkerung, Unter-, Mittel- und Oberschicht, und ihre räumliche, segregative oder integrative Anordnung im Stadtganzen im Mittelpunkt. Mit seiner Sicht der Stadt als soziale **und** räumliche Organisation ist die Beziehung zur, ja Übereinstimmung mit der sozialgeographisch konzipierten Stadtforschung gegeben.

An Werken einführenden Charakters der Stadtgeschichtsforschung mit teilweise populärwissenschaftlichem Einschlag (L. Mumford; L. Benevolo) sind zu nennen:

E. Haase (Hrsg.): Die Stadt des Mittelalters; Bd. 1: Begriff, Entstehung, Ausbreitung; Wege der Forschung, Bd. 243, Darmstadt 1969; Bd. 2: Recht und Verfassung; Wege der Forschung, Bd. 244; Darmstadt 1972; Bd. 3: Wirtschaft und Gesellschaft; Wege der Forschung, Bd. 245; Darmstadt 1973

H. Stoob (Hrsg.): Die Stadt. Gestalt und Wandel bis zum industriellen Zeitalter; 2. Auflage Köln, Wien 1985

L. Mumford: Die Stadt; 2 Bde (dtv-Wissenschaft), München 1979

L. Benevolo: Die Geschichte der Stadt; Frankfurt, New York 1983

Mit dem Blick der Historiker in die Vergangenheit verbindet sich die Schwierigkeit der Bewältigung ungünstiger Quellenlagen. Es überrascht deshalb nicht, daß größere Objekte wie Städte - und nicht Dörfer - innerhalb des traditionell stark an politischer Geschichte interessierten Faches Geschichte vorrangig untersucht werden, die Siedlungsgeschichte überhaupt junger Entstehung ist.

Wie im Fach Geographie auch erlaubt der formale - in der Geschichte zeitliche, in der Geographie räumliche - Grundansatz einigen Spielraum, was die Inhalte angeht. So stehen im Fach Geschichte neben dem von der politischen Geschichte beeinflußten Aspekt von Recht und Verfassung der Städte die Aspekte des Geistig-Kulturellen (L. Mumford, L. Benevolo), des Ökonomischen und des Sozialen.

An grundlegenden Veröffentlichungen der Siedlungsgeographie sind zu nennen:

W. Brünger: Einführung in die Siedlungsgeographie; Heidelberg 1961

G. Niemeier: Siedlungsgeographie (Das Geographische Seminar); 4. Auflage Braunschweig 1977

G. Schwarz: Allgemeine Siedlungsgeographie (Lehrbuch der Allgemeinen Geographie, Bd. 6); Teil 1: Die ländlichen Siedlungen. Die zwischen Land und Stadt stehenden Siedlungen; Teil 2: Die Städte; 4. Auflage Berlin, New York 1989 (sehr umfangreich)

Ländliche Siedlungen:

M. Born: Geographie der ländlichen Siedlungen 1. Die Genese der Siedlungsformen in Mitteleuropa (Teubner Studienbücher Geographie); Stuttgart 1977

C. Lienau: Ländliche Siedlungen (Das Geographische Seminar); Braunschweig 1986

H.-J. Nitz (Hrsg.): Historisch-genetische Siedlungsforschung. Genese und Typen ländlicher Siedlungen und Flurformen; Wege der Forschung, Bd. 300; Darmstadt 1974

G. Henkel (Hrsg.): Die ländliche Siedlung als Forschungsgegenstand der Geographie; Wege der Forschung, Bd. 616, Darmstadt 1983

Es hängt mit der Weite des Themas Siedlungen und dem inhaltlichen Spielraum der Geographie zusammen, daß selbst bei dem Teilthema ländliche Siedlungen im Laufe gar nicht so langer Zeit ein Wandel der Konzeption und eine Erweiterung der Sichtweise eingetreten ist.

Vor dem Zweiten Weltkrieg - und noch einige Zeit danach - war die Geographie der ländlichen Siedlungen physiognomisch und historisch ausgerichtet. Es ging einerseits um die Ortsformen, bei denen nach dem Grundriß die Haupttypen der Haufen-, Platz- und Reihendörfer (Angerdorf, Fortadorf, Rundling; Straßendorf, Moorhufendorf, Marschhufendorf, Waldhufendorf) unterschieden wurden, und es ging andererseits um die Flurformen mit den Grundformen der Streifen- und der Blockfluren und ihren zahlreichen Abwandlungen und Kombinationen. Dorf- und Flurformen wurden zusammen gesehen, und man bemühte sich, sie historisch-genetisch zu erklären. Aus diesem Ansatz resultierten wissenschaftliche Auseinandersetzungen über die Entstehung des Haufendorfes und der Blockflur, der Langstreifenflur und dem Drubbel (ein kleines Haufendorf), der Platzdörfer als Rundlinge mit Radialstreifenflur, der Einzelhöfe mit Blockfluren, ob sie völkischer Herkunft der Germanen oder Slawen waren oder unter anderen Bedingungen entstanden sind, vor allem in Mitteleuropa und in den Übergangsbereichen von West- und Osteuropa (H.-J. Nitz). Auch in den ursprünglichen Vorgang der Landnahme und Besiedlung als Rahmenbedingung wurden die Dorf- und Flurformen erklärend eingebettet (M. Born).

Erst nach dem Zweiten Weltkrieg setzte eine Ergänzung dieser Sichtweise ein. Man besann sich darauf, daß auch die ländlichen Siedlungen Funktionen ausüben und Menschen in ihnen leben, die unterschiedliche Aufgaben übernehmen: es kam in der Geographie der ländlichen Siedlungen der funktional-strukturelle Aspekt auf. Die ländlichen Siedlungen wurden nun als Gemeinden gesehen, die - in den Industrieländern in unterschiedlichem Umfang - eventuell zusätzliche Aufgaben erfüllen. Es entstand die Unterscheidung von Agrargemeinden, deren Bevölkerung ganz überwiegend in der Landwirtschaft tätig ist, von ländlichen Gewerbe- und Industriegemeinden, bei denen ein Teil der Bevölkerung in der Landwirtschaft, ein anderer Teil im Gewerbe oder in der Industrie am Ort tätig ist, von ländlichen Zentralorten, bei denen ein Teil der Bevölkerung in der Landwirtschaft, ein anderer Teil im Dienstleistungssektor am Ort tätig ist, und von ländlichen Wohngemeinden, besonders im Umkreis der Städte, bei denen ein Rest der Bevölkerung in der Landwirtschaft tätig ist, ein großer übriger Teil aber nur am Ort wohnt, aus der Stadt dorthin gezogen ist und in täglicher Pendlerwanderung die Stadt mit ihren Arbeits- und Einkaufsstätten aufsucht (C. Lienau; G. Henkel).

Mit dieser Sicht der ländlichen Siedlungen verbinden sich Fragen nach den Bedingungen ihrer Funktion und Struktur ebenso wie Aspekte der Prozesse im ländlichen Raum im Rahmen industriegesellschaftlicher Entwicklung.

Städtische Siedlungen:

B. Hofmeister: Stadtgeographie (Das Geographische Seminar); 1. Auflage Braunschweig 1969; 4. Auflage Braunschweig 1980

B. Hofmeister: Die Stadtstruktur. Ihre Ausprägung in den verschiedenen Kulturräumen der Erde; Erträge der Forschung, Bd. 132, Darmstadt 1980

H. Carter, F. Vetter: Einführung in die Stadtgeographie; Berlin, Stuttgart 1980

R. Stewig: Die Stadt in Industrie- und Entwicklungsländern (UTB 1247); Paderborn 1983

E. Lichtenberger: Stadtgeographie 1. Begriffe, Konzepte, Modelle, Prozesse (Teubner Studienbücher Geographie); Stuttgart 1986

G. Schöller (Hrsg.): Allgemeine Stadtgeographie; Wege der Forschung, Bd. 181; Darmstadt 1969

In noch bedeutenderem Umfang als bei den ländlichen Siedlungen ist die Stadt aus der Sicht der Stadtgeographen einem konzeptionellen Wandel unterworfen worden, der zur Aufnahme immer neuer Aspekte in den heute sehr weiten geographischen Stadtbegriff führte.

In der zweiten Hälfte des 19. Jahrhunderts, als man erstmals im Rahmen der Herausbildung des modernen Faches Geographie sich mit Städten zu beschäftigen begann, war es nicht die Stadt selbst, die man untersuchte, sondern ihre großräumige ("geographische") Lage (J.G. Kohl, 1874). Bei Istanbul beispielsweise stellte man heraus, daß die Verteilung von Land und Meer im Umkreis der Stadt, die Anordnung von Schwarzem Meer, Marmara Meer und Ägäis sowie die Strukturierung des Landes durch Becken und Flußläufe, zur Entstehung einer großen (Handels-)Stadt an der Stelle des heutigen Istanbul führen mußte und belegte dies mit ausgesuchten historischen Fakten. Ein (überholter) Naturdeterminismus verband sich also mit dieser Art Stadtbetrachtung, die auch die kleinräumliche (topographische) Lage von Städten mit einbezog.

Kein Wunder, daß in einer zweiten Phase der Entwicklung der Stadtgeographie eine neue Konzeption Einzug hielt (O. Schlüter, 1900), hatte man doch den Baukörper der Städte bei der Beschäftigung mit ihren Lagen zu sehr vernachlässigt. In der neuen, physiognomisch, also an Grundriß und Aufriß der Städte orientierten Sichtweise rückte die Baugestalt in den Mittelpunkt des Interesses. Dies führte in der Zwischenkriegszeit zu einer überspitzten Klassifikation beispielsweise deutscher Städte nach ihren topographischen Lagen (Spornlage, Flußschlingenlage, Flußuferlage, Hanglage, Sattellage, Gipfellage, Nestlage etc.), nach ihrem Grundriß (unregelmäßiger Grundriß, regelmäßiger Grundriß mit Rippenform, Leiterform, Radialstraßenform, Schachbrettform etc.) und ihrem Aufriß (Giebelhaus, Traufenhaus etc.) (W. Geisler, 1924). Andererseits wurden die topographische Lage, die Grundriß- und die Aufrißform aus dem historischen Zusammenhang heraus erklärt, so daß diese zweite, von O. Schlüter eingeleitete Phase als physiognomisch-genetische bezeichnet werden kann.

Vor dem Zweiten Weltkrieg deutete sich bereits die Entstehung einer dritten Phase konzeptioneller Entwicklung der Stadtgeographie an, die als funktionalstrukturelle bezeichnet werden kann. In dieser Phase kamen wieder die Beziehungen der Städte zum umgebenden Lande in den Blick der Stadtgeographen, aber diesmal nicht unter dem Aspekt der großräumlichen und natürlichen Lage, sondern hinsichtlich der ökonomischen Aufgaben/Funktionen, die die Städte für die Bevölkerung der näheren und ferneren Umgebung erfüllen. In diesem Zusammenhang entstand sogar (durch W. Christaller: Die zentralen Orte in Süddeutschland; Jena 1933) eine (harte) Theorie, die von Annahmen über die Beziehungen der Städte zu ihrer Umgebung ausging und eine arbeitsteilige Hierarchie des Zusammenspiels und der erdräumlichen Anordnung kleiner und großer Städte ableitete (Abb. 15). Die Stadt wurde von nun an (auch) als zentraler Ort gesehen, der - je nach Stadtgröße - ein unterschiedlich großes Einzugsgebiet besitzt, das von anderen, kleineren Einzugsgebieten kleinerer Städte/zentraler Orte durchsetzt ist.

Waren es bei W. Christaller die ökonomisch-funktionalen Außenbeziehungen der Städte, die er betrachtete, so erfolgte durch H. Bobek (1928) am Beispiel der Stadt Innsbruck die Untersuchung des Niederschlages dieser Beziehungen in der Stadt selbst, d.h. der strukturellen Binnengliederung der Stadt, der Funktionsviertel.

Mit W. Christaller und H. Bobek war in der funktional-strukturellen Phase die Hinwendung zur Stadt als Wirkungsgefüge, das im Zusammenspiel optisch nicht unmittelbar wahrnehmbarer Beziehungen besteht, vollzogen, deren Untersuchung in der Stadtgeographie neben die physiognomisch-genetischen Aspekte und die Aspekte der geographischen und topographischen Lage trat. Die ersten Auflagen der Lehrbücher der Stadtgeographie von G. Schwarz und B. Hofmeister spiegeln diesen Stand, während die Einführung in die Siedlungsgeographie von W. Brünger noch weitgehend auf den älteren Ansichten verharrte.

Nach dem Zweiten Weltkrieg erfolgte noch einmal eine Erweiterung der Sichtweisen der Stadtgeographen. Unter dem Einfluß nordamerikanischer Stadtsoziologie (E.W. Burgess; H. Hoyt; C.D. Harris/E.L. Ullman), die in Mitteleuropa erst nach dem Zweiten Weltkrieg rezipiert werden konnte, aber schon in den ersten Auflagen der Lehrbücher von G. Schwarz und B. Hofmeister ihren Ausdruck fand, wurden von den Stadtgeographen auch die Menschen in der Stadt entdeckt, in enger Verknüpfung mit der sozialgeographischen Sichtweise. Eine sozialraumanalytische Phase der Stadtgeographie setzte ein. Die Stadtgeographie öffnete sich zur Stadtsoziologie hin, übernahm deren klassische Stadtstrukturmodelle, die um regelhafte Aussagen der stadträumlichen Verteilung der Standortflächen der Betriebe des sekundären und des tertiären Sektors und der Standortflächen der Haushalte der Unter-, Mittel- und Oberschicht bemüht sind.

Die drei klassisch zu nennenden Stadtstrukturmodelle unterscheiden eine ringförmige Anordnung der verschiedenen Nutzflächen (Zonenmodell), eine sektorenartige Anordnung (Sektorenmodell) und eine zellenartige Anordnung (Mehrkernemodell). Sie können als Beurteilungsmaßstäbe einzelner konkreter Städte dienen. Wenn diesen Stadtstrukturmodellen ein die Wirklichkeit beschreibender Charakter zukommt, dann durch ihre Kombination; außerdem haben sie eventuelle Gültigkeit nur für große (Einzel-)Städte der Industrieländer.

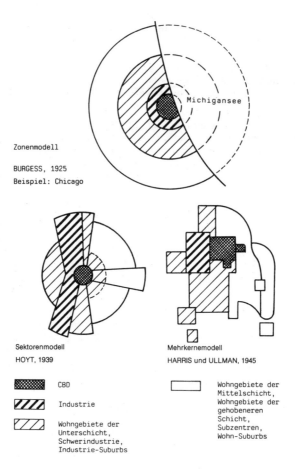

Abb. 12: Die klassischen Stadtstrukturmodelle von E.W. Burgess; H. Hoyt; Ch.D. Harris/E.L. Ullman

Neben der von der modernen Stadtgeographie und der Stadtsoziologie (F. Friedrichs) gleichermaßen betriebenen sozialökologischen Stadtforschung bestehen zwei Tendenzen in der deutschen Stadtgeographie, nämlich die Stadtstruktur aus den Bedingungen der Kulturräume der Erde (Europa, Orient, Schwarzafrika, Südasien, Angloamerika, Lateinamerika etc.) heraus zu erklären (B. Hofmeister), andererseits die Stadtstruktur als Ausdruck des gesellschaftlichen Entwicklungsstandes in Industrie- und Entwicklungsländern - mit Zwischenstufen - zu sehen (R. Stewig).

Fragt man, wie es in der Siedlungsgeographie mit der Umbruchsituation steht, die sich ja durch die Übernahme und Anwendung des Systemkonzeptes und im Idealfall die quantifizierende Ermittlung der Beziehungen auszeichnet, so muß zunächst an die Überfülle der materiellen und immateriellen Sachverhalte erinnert werden, die es im Zusammenhang mit Siedlungen gibt und die der Anwendung allgemeiner Systemtheorie große Schwierigkeiten bereitet.

Ein gewisser Umbruch ist in der Geographie der ländlichen Siedlungen nach dem Zweiten Weltkrieg mit der Übernahme der funktional-strukturellen und der Lösung von der nur physionomisch-genetischen Betrachtungsweise erfolgt. Auch in der Stadtgeographie kann die Öffnung zur Stadtsoziologie und die Entstehung einer sozialraumanalytischen Phase der Stadtgeographie/Stadtsoziologie als ein konzeptioneller Umbruch gewertet werden.

Die Konzipierung und Anwendung von Modellen und Theorien hat - auch wenn W. Christallers Theorie der zentralen Orte lange Zeit brauchte, um sich durchzusetzen - als Teilerscheinung des allgemeinen Umbruchs im Fach Geographie auch in der Stadtgeographie Einzug gehalten, so daß es kaum des Hinweises auf R.J. Chorley, P. Haggett bedarf.

B.J. Garner: Models of Urban Geography and Settlement Location; in: R.J. Chorley, P. Haggett (Hrsg.): Socio-Economic Models in Geography; London 1968, S. 303-360

Allerdings, wenn von Systemen in der deutschen Stadtgeographie die Rede ist - und das ist durchaus der Fall -, dann ist meist nicht eine einzelne Stadt als Ganzheit gemeint mit ihrem Zusammenspiel der so vielfältigen, unterschiedlichen, materiellen und immateriellen Sachverhalte, sondern die arbeitsteilige Abstimmung der Aufgaben großer und kleiner, über eine größere Fläche verteilter Städte im Rahmen ihrer zentralörtlichen Funktionen, als Städtesystem.

Wenn man von der anzustrebenden, interdisziplinären Bewältigung der Überfülle der Sachverhalte, insbesondere bei großen Städten, absieht, dann besteht gerade in einer sich den Menschen in der Stadt zuwendenden Stadtgeographie/Stadtsoziologie mit dem Auftrag der Beschäftigung mit ihren Verhaltensweisen, ihren Bedingungen und Auswirkungen das methodisch unbewältigte Problem der Kombination quantifizierbarer materieller Sachverhalte und nicht in gleichem Maße quantifizierbarer Bewußtseinsinhalte. Die Ermittlung der qualitativen Beziehungen zwischen den die Stadtgeographen interessierenden Sachverhalten und ihren Rahmenbedingungen wird nicht erst seit der Umbruchsituation betrieben.

In der sozialökologischen Stadtforschung werden bei entsprechender Datengrundlage auch mathematisch-statistische Verfahren umfangreich eingesetzt.

Ein wahrhaft interdisziplinärer Ansatz - als vielleicht zukünftige Umbruchsituation - steht bei der Beschäftigung mit ländlichen und städtischen Siedlungen noch aus. Das Deutsche Institut für Urbanistik in Berlin, das dem Titel nach einen solchen Ansatz vermuten läßt, ist de facto eine multidisziplinär orientierte Einrichtung, das den Städten als Kommunen, besonders im Rahmen ihrer Planungsvorhaben, Hilfestellung leisten soll.

Wirtschaftsgeographie. Wie zu den Siedlungen gehört auch zur Wirtschaft des Menschen eine schier unübersehbare Fülle von Erscheinungsformen.

Drei große Bereiche, auch Wirtschaftssektoren genannt, sind zu unterscheiden. Zum ersten oder primären Sektor zählt die Landwirtschaft. Die landwirtschaftliche Produktion vollzieht sich flächengebunden und ist in hohem Maße von der naturräumlichen Ausstattung abhängig, von den Böden und dem Klima. Angesichts der - weltweit - so unterschiedlichen naturräumlichen Ausstattung der Erde, in den gemäßigten Breiten, in den Tropen und Subtropen, ergeben sich sehr unterschiedliche Ausrichtungen in der Landwirtschaft, die von Getreide und Vieh bis zu tropischen Früchten reichen und sich in die Zweige der ackerbaulichen, gartenbaulichen und viehwirtschaftlichen Produktion gliedern.

Landwirtschaftliche Produktion hat sich im Laufe der gesellschaftlichen Entwicklung der Menschheit allmählich herausgebildet. Die Seßhaftigkeit war eine wichtige Voraussetzung. Zunächst wurde das Niveau der Subsistenzwirtschaft, d.h. die Eigenversorgung der Betriebsfamilie mit Vorrat für den Winter, erreicht. Dann begann man Teile der Erzeugung auf dem Binnenmarkt anzubieten, etwa zur Versorgung von Städtern im europäischen Mittelalter. Ackerbauliche und viehwirtschaftliche Produktion wurden in einem Betrieb vorgenommen, es wurde also gemischte Landwirtschaft betrieben. Mit der Entstehung und Entwicklung der Industriegesellschaft setzte eine Spezialisierung der landwirtschaftlichen Betriebe in die eine oder andere Richtung ein. Gleichzeitig kam es zu einer Arbeitsteilung unter den agraren Produktionsländern, so daß heute der Export landwirtschaftlicher Produkte weit verbreitet ist.

Landwirtschaftliche Produktion bietet sich dem Reisenden - im Gegensatz zur industriellen Produktion - offen dar: was auf den Nutzflächen wächst oder was für Vieh gehalten wird, ist unmittelbar erkennbar; auch die Wirtschafts- und Wohngebäude des Betriebes erlauben Einblicke in die Produktionsausrichtungen. Dennoch bleiben dem außerhalb des Betriebes stehenden Betrachter die inneren Zusammenhänge verborgen: die Zuordnung des Mosaiks der Nutzungsflächen der agraren Kulturlandschaft zu den Betrieben und somit deren Größe ist **nicht** unmittelbar zu erkennen, die Nutzungsabfolgen auf den Betriebsflächen (Rotation) sind nur über langjährige Beobachtung zu ermitteln.

Zum primären Sektor zählt auch die Holz- und Forstwirtschaft, die vom selektiven Holzeinschlag in tropischen Wäldern bis zur planmäßigen Anlage und Pflege von Forsten reichen kann und teils unabhängig von, teils in Verbindung mit landwirtschaftlicher Produktion betrieben wird.

Ebenfalls zum primären Sektor zählt die Fischerei, die einen großen Spielraum technischer Hilfsmittel aufweist. Vom einfachen Fischerboot, von dem aus eine Fangleine eingesetzt wird, bis zum hochmodernen Fischfang- und Fabrikschiff mit weitgehender Verarbeitung an Bord - also als schwimmender Industriebetrieb - reicht die Skala der Möglichkeiten und macht die Rolle der Technik mit ihrer Bandbreite von den präindustriellen bis zu den industriellen Gerätschaften deutlich.

Zum primären Sektor, der als extraktiver Bereich der Wirtschaft angesehen wird, ist der Bergbau zu rechnen, sei es daß Steinkohle ober- oder unterirdisch zur Gewinnung von Energie oder als Rohstoff für den industriellen Einsatz, sei es daß Uranerz, Eisenerz oder andere metallhaltige Erze oder auch nur bloßer Haustein zum Hausbau abgebaut wird. Wiederum gibt es einen großen Spielraum primitiver bis hochtechnischer Mittel, wie er beispielsweise beim Marmorabbau mit Hammer, Meißel, Brecheisen und Säge auf Sizilien oder beim fast voll mechanisierten Steinkohlenabbau und -abtransport unter Tage im Ruhrgebiet vollzogen wird.

Bei der schwierigen Frage der statistischen Erfassung der Wirtschaftszweige wird der Bergbau oft nicht zum primären Sektor gezählt - trotz seiner extraktiven Funktion -, sondern zum sekundären, industriellen Sektor, für den er die Rohstoffe und die Primärenergie liefert.

Der sekundäre Sektor umfaßt auf präindustriellem Niveau das Handwerk, in den Industriegesellschaften das Handwerk und die Industrie. Als Richtlinie der Abgrenzung von Handwerks- und Industriebetrieb mag die Verwendung von Maschinen bei der Produktion dienen. Im Handwerksbetrieb herrschte und herrscht überwiegend die manuelle Produktion vor, im Industriebetrieb werden die Produkte mit Maschinen hergestellt. Im Zuge einer weitergehenden technischen Revolution/Evolution in den hochentwickelten Industrieländern mag eine weitere Stufe unterschieden werden, nämlich die, in der nicht nur die Produktion von Maschinen vorgenommen wird, sondern auch noch die Überwachung der Produktionsmaschinen von anderen Maschinen (Automaten, Robotern).

Im weltweiten Vergleich ergeben sich bei der statistischen Erfassung von Handwerks- und Industriebetrieben Abgrenzungsschwierigkeiten: während in Entwicklungsländern ein Produktionsbetrieb, der nur einige Maschinen einsetzt, bereits als Industriebetrieb gezählt werden kann, wird ein solcher Betrieb in Industrieländern zu den Handwerksbetrieben gerechnet. Im allgemeinen vollzieht sich industrielle Produktion hinter verschlossenen Türen, in Gebäuden, großen und kleinen Werkshallen, ist sie für den Außenstehenden nicht unmittelbar optisch wahrnehmbar.

Stellt man sich einen modernen, großen Industriebetrieb vor, wird deutlich, welche Fülle von Sachverhalten und Bedingungen in ihm zusammentreffen. Für die Produktion werden Materialien, Rohstoffe, eventuell vorgefertigte Halbzeuge benötigt, die herangeschafft und eingekauft werden müssen. Um die Kontinuität der Produktion - besonders bei fortlaufendem Maschineneinsatz - sicherzustellen, müssen alle Materialien in ausreichendem Umfang bereitgehalten werden. Zum Betreiben der Maschinen wird Energie benötigt, die ebenfalls in ausreichendem Umfang und kontinuierlich herangeschafft und eingekauft werden muß. Da der Industriebetrieb die Rohstoffe und Energie aus geringer oder größerer Entfernung, von verschiedenen Orten, erhält, ist eine erdräumliche Verflechtungssituation gegeben. Damit kommt die Frage des bestmöglichen, kostengünstigsten Standortes in die Diskussion. Außerdem werden bei einem großen Industriebetrieb für die Werkshallen und Verwaltungsgebäude Flächen benötigt, ein ebenfalls - auch für die Gebäude - kostenträchtiger Aufwand. Die Produktionsmaschinen müssen entweder gekauft oder selbst entwickelt, außerdem gewartet, bei Wechsel der Produkte umgestellt werden. All dies erfordert einen hohen Kapitaleinsatz; hinzu kommen die Kosten für die Lagerhaltung, die Vorfinanzierung des Absatzes, die Personalkosten. Das Kapital kann entweder erwirtschaftet oder auch auf dem Kapitalmarkt als Kredit beschafft werden.

Trotz Einsatzes von Maschinen (Robotern und Automaten) in der Produktion wird auch in einem fast vollautomatischen Industriebetrieb Personal benötigt. Das Personal wird in einem modernen Industriebetrieb nicht in erster Linie in der Produktion, sondern für andere Aufgaben eingesetzt. Die Produkte müssen von Technikern, Ingenieuren und Wissenschaftlern entwickelt und zur Produktion vorbereitet werden; es bedarf kaufmännischen Personals, das den Einkauf und den Absatz organisiert und die Absatzmöglichkeiten erkundet und einschätzt; das mittlere und höhere Management trägt die Verantwortung für den Produktions- und Verkaufserfolg oder -mißerfolg. Bei großen Industriebetrieben gehört außer der Buchhalterei eine Rechts- und Werbeabteilung zum Unternehmen. Mit der unterschiedlichen Art von Beschäftigungen, die ein großer Industriebetrieb bietet, verbindet sich - vom angelernten Arbeiter am Fließband, über das kaufmännische Personal, das technische Personal, die Ingenieure und Wissenschaftler bis zur Betriebsspitze - eine soziale Hierarchie der Beschäftigten. Die Arbeitskräfte wohnen in der näheren oder ferneren Umgebung des Werkes. Täglich stellt die Mehrzahl der Beschäftigten als Pendler die Verknüpfung von Wohn- und Arbeitsstätte her: eine bedeutsame erdräumliche Verflechtungssituation. Dies gilt für Industriegesellschaften; auf präindustriellem gesellschaftlichem Niveau, in vielen Entwicklungsländern noch heute, waren und sind im Handwerksbetrieb Wohnen und Arbeiten unter einem Dach zusammengefaßt; die Standortidentität von Wohnen und Arbeiten gilt auch heute noch für landwirtschaftliche Betriebe der meisten Industrieländer.

Der Absatz der Produktion - beim Handwerksbetrieb in der Regel in der näheren Umgebung - geht beim großen Industriebetrieb weit über den Binnenmarkt hinaus bis zum weltweiten Export, der in vielen Ländern organisiert sein will. Noch einmal ergibt sich damit eine erdräumliche Verflechtungssituation des großen Wirtschaftsbetriebes (A. Kolb).

Der dritte, tertiäre Sektor umfaßt als Dienstleistungsbereich so gut wie alle übrigen Wirtschaftszweige. Zu ihm gehört eine Vielzahl von Branchen, private wie öffentliche. Vom Handwerk (als Produktionszweig) ist der Übergang zu Dienstleistungen fließend, wenn beispielsweise ein Bäcker seine Waren auch verkauft. Der Einzelhandel sowie der mit ihm verbundene Großhandel stellen einen wichtigen Bereich des tertiären Sektors dar. Hinzu kommt die Branche der Banken und Versicherungen; dazu gesellen sich die Wirtschaftsverwaltungen großer Industrieunternehmen, die - standortmäßig oft eigenständig - zum tertiären Sektor gerechnet werden können. Die Einrichtungen und Unternehmen des organisierten Land-, Luft- und Seeverkehrs sind Teil des tertiären Sektors. Die in den Industriegesellschaften mit der Verkürzung der Arbeits- und der Erweiterung der Freizeit an wirtschaftlicher Bedeutung zunehmenden Freizeiteinrichtungen und -angebote unterschiedlichster Art sind Teil des tertiären Sektors. Auch die kulturellen, privaten und öffentlichen Einrichtungen wie Kinos, Opern- und Schauspielhäuser, Museen und Konzerthallen, außerdem die Sportstätten, gehören zum tertiären Sektor ebenso wie die Einrichtungen der privaten und öffentlichen medizinischen Versorgung, der Ausbildung und Forschung und die hierarchisch gestuften Institutionen der öffentlichen Verwaltung und Rechtsprechung sowie die politischen Institutionen.

Soweit es sich innerhalb des tertiären Sektors um privatwirtschaftliche Einrichtungen handelt, unterliegen sie - in Ländern mit marktwirtschaftlichen Ordnungen - der allgemeinen Konkurrenz der Wirtschaftsbetriebe. Dies gilt - selbst in Ländern mit marktwirtschaftlichen Ordnungen - nicht in gleichem Maße für die Betriebe des tertiären Sektors, die behördlichen Charakter, sei es des Staates oder der Kommunen, aufweisen.

In allen Betrieben des tertiären Sektors ist der Einsatz von Maschinen in einigem Umfang im Zusammenhang mit Dienstleistungen möglich, besonders in Büros; aber der tertiäre Sektor hat es in hohem Maße mit individuellen Dienstleistungen zu tun, bei denen sich der Maschineneinsatz nicht in vergleichbarem Umfang mit der industriellen Produktion durchführen läßt, wo es um Produkte in großer Stückzahl geht. Bei allen Betrieben des tertiären Sektors spielt die Abhängigkeit von den Verhaltensweisen und der Mobilität der Individuen, für die Dienstleistungen erbracht werden sollen, eine nicht geringe Rolle, besonders im Hinblick auf die Standortwahl der Betriebe.

Die Wirtschaft des Menschen ist im Laufe der gesellschaftlichen Entwicklung erst entstanden und hat dabei immer neue Qualitäten erreicht. Der frühe Sammler und Jäger lebte von der Hand in den Mund, kannte noch keine Wirtschaft. Naturgemäß entstand zur Deckung der Nahrungsbedürfnisse des Menschen zuerst die Landwirtschaft. Doch bald kam im Zuge einsetzender Arbeitsteilligkeit, die sich in den Industriegesellschaften ins Außerordentliche gesteigert hat, das frühe Handwerk hinzu; und auch von einem tertiären Sektor kann man schon in der präindustriellen Entwicklungsphase der Menschheit sprechen, von dem die geistliche und weltliche Herrschaft ausgeübt wurde; auch der Handel, zum Teil sogar weitreichender Fernhandel, hatte eingesetzt.

Die Entwicklung der Wirtschaft erfolgte in Richtung auf zunehmende Differenziertheit und Komplexität sowie Ausweitung; beide Richtungen sind eng miteinander verknüpft. Nach dem Niveau des Entwicklungsstandes lassen sich Wirtschaftsstufen unterscheiden: vom Agrikulturstand über den Agrikultur-Manufakturstand zum Agrikultur-Manufaktur-Handelsstand, nach F. List (1789-1846); heute würde man die Industrie - in Ablösung manufaktureller (manueller) Produktion - hinzufügen. Dieser Wirtschaftsstufengliederung eines Vertreters der historischen Schule der Nationalökonomie, die die zunehmende Komplexität zum Gliederungsprinzip erhebt, kann die Gliederung von K. Bücher (1847-1930) an die Seite gestellt werden, in der die Ausweitung der Wirtschaft im Laufe gesellschaftlicher Entwicklung betont wird: von der Hauswirtschaft über die Stadtwirtschaft zur Volkswirtschaft; heute kann man als weitere Stufe die Weltwirtschaft hinzufügen.

Zu der Betrachtung und Einteilung der Wirtschaft nach den drei Sektoren, primärer, sekundärer, tertiärer, gesellt sich die grundsätzliche Gliederung der Wirtschaft nach Größenordnungen: die betriebliche, die volkswirtschaftliche, die weltwirtschaftliche.

Die Fülle der Aspekte der Beschaffung und des Absatzes mit ihrem Einbezug zahlreicher differenzierter Teilsachverhalte wurde für die betriebliche Größenordnung bereits am Beispiel des modernen Industriebetriebes dargelegt.

Über die betriebliche Größenordnung hinaus gibt es - auf der volkswirtschaftlichen/nationalökonomischen Ebene - zahlreiche übergreifende Aspekte der Wirtschaft. Dazu zählt - und zwar sowohl in Industrie- als auch in Entwicklungsländern - wirtschaftliches Wachstum, unter welchen Bedingungen es bewirkt werden kann, unter welchen anderen Bedingungen es verringert, ja vielleicht verhindert wird. Mit dem wirtschaftlichen Wachstum im Zusammenhang steht die positive oder negative Entwicklung der Einkommen und damit der Ausgaben der Haushalte für Konsum oder der Betriebe für Investitionen.

Ein anderer wichtiger, überbetrieblicher Aspekt ist der der Beschäftigung, und zwar ebenfalls in Industrie- und Entwicklungsländern mit unterschiedlicher Akzentuierung. In den Industrieländern wird die Arbeitsmarktsituation durch Freisetzung von Beschäftigten im primären und sekundären Sektor bestimmt, in den Entwicklungsländern ist es das beträchtliche Bevölkerungswachstum, das Beschäftigung suchende Menschen im erwerbsfähigen Alter in großer Zahl auf den Arbeitsmarkt bringt.

Von übergreifender, volkswirtschaftlicher Bedeutung sind politische Aspekte der Wirtschaftsordnung: marktwirtschaftliche Ordnungen schaffen andere Rahmenbedingungen für die Betriebe einer Volkswirtschaft als planwirtschaftliche. Mit der volkswirtschaftlichen Ebene verbundene Aspekte des Imports und des Exports, bei Industrieländern des Exports von Fertigwaren und des Imports von Rohstoffen und Primärenergieträgern, bei Entwicklungsländern des Exports von Rohstoffen und Primärenergieträgern und des Imports von Fertigwaren, münden ein in Aspekte der weltwirtschaftlichen Ebene und Verknüpfung, die für die Volkswirtschaften unterschiedliche Bedingungen der Zahlungsbilanzen mit sich bringen.

Nach der vorangegangenen Beschreibung einiger Erscheinungsformen der Wirtschaft des Menschen, besonders der drei Wirtschaftssektoren, der Entwicklung und der Größenordnungen von Wirtschaft, stellt sich die Frage, wie man der Wirtschaft auf vorwissenschaftlicher Ebene begegnet.

Zur Beantwortung sei zunächst an die Bedürfnisstruktur des Menschen erinnert: der Mensch hat materielle und geistige Bedürfnisse, die im Rahmen von Wirtschaft und durch Wirtschaftsgüter (= Waren/Produkte und Dienstleistungen) befriedigt werden können. Bei der Deckung seiner materiellen und geistigen Bedürfnisse macht der Mensch die grundsätzliche Erfahrung der Knappheit der Güter in mehrfacher Hinsicht. Und zwar einerseits, daß er sich nicht alles kaufen kann, was er haben möchte, sondern nur im Rahmen seiner finanziellen Möglichkeiten. Wirtschaft besteht also vorwissenschaftlich auch in der Erfahrung der Notwendigkeit des Ausgleichs zwischen Einnahmen und Ausgaben im Rahmen eines persönlichen (oder Haushalts-)Budgets, das langfristig im Gleichgewicht gehalten werden muß.

Andererseits macht man die vorwissenschaftliche Erfahrung, daß nicht alle Güter überall angeboten werden. Von der Bedürfnisstruktur her weiß der Mensch zwischen verschiedenen Stufen der Bedarfsdeckung zu unterscheiden. Die Versorgung mit Nahrungsmitteln, aber auch mit Informationen und eventuell Kultur, erfolgt als tägliche Bedarfsdeckung, durch Einkaufen, beim Bäcker, Getränkehändler, Lebensmittelgeschäft, am Zeitungskiosk. Die Versorgung mit Bekleidung und Wohnungseinrichtungsgegenständen, auch der Kultur in Form beispielsweise von Theaterbesuchen, ist der mittelfristigen Bedarfsdeckungsstufe zuzurechnen. Dagegen gehört die Bedarfsdeckung mit technischen Geräten der Information, Kommunikation und Mobilität, auch der Kultur beim Erwerb von Büchern oder Kunstgegenständen, zur Stufe langfristiger Bedarfsdeckung. Es ist ebenso eine vorwissenschaftliche Erfahrung des Menschen, daß er sich verschiedenen Standorten von Einrichtungen der Wirtschaft zuwenden muß, wenn er alle Arten der Bedürfnisse abdecken will.

In den Medien wird man auf vorwissenschaftlicher Ebene mit der Wirtschaftspolitik, Problemen der wirtschaftlichen Entwicklung, des Wachstums und der Konjunktur, auch verschiedener Branchen, wie der Automobil-, der Flugzeug-, der Schiffbau-, der Eisen- und Stahlindustrie und dem Bergbau, konfrontiert. Laufend erfolgt die Berichterstattung über die Entwicklung des Arbeitsmarktes und der Arbeitslosigkeit.

In den Medien wird auch über den Stand der Wirtschaft und ihre Angebotsseite informiert; man erfährt bereits auf vorwissenschaftlicher Ebene über die Bedeutung der Wirtschaftsordnungen - privatwirtschaftlich-kapitalistische gegen planwirtschaftlich-sozialistische - für die Überversorgung mit Wirtschaftsgütern oder die Knappheit des Angebots. Auch präsentiert die Wirtschaft durch Werbung zahlreiche ihrer Produkte in günstigstem Licht, dem der skeptische Nachfrager - das Preis-Leistungsverhältnis abwägend - gegenübertritt.

In der Schule sorgt die Durchführung eines Betriebspraktikums oder von Betriebsbesichtigungen für erste Einblicke in die Wirtschaft sogar auf betrieblicher Ebene. Bisweilen dürfte der Besucher der Faszination des gleichmäßigen Rhythmus der Bewegung der Produktionsmaschinen unterliegen, bisweilen den Industriebetrieb als (System-)Glied in der Kette vom Rohstoff zum Verbraucher erfahren.

Bei Wanderungen durch die agrare Kulturlandschaft scheint sich dem Betrachter die landwirtschaftliche Produktionsweise offen darzubieten.

Man muß jedoch davon ausgehen, daß gerade das überaus komplizierte Zusammenspiel der Wirtschaft, der arbeitsteiligen, großen und kleinen Betriebe, der arbeitsteiligen Wirtschaftsräume, der arbeitsteiligen Volkswirtschaften und der weltwirtschaftlichen Verflechtungen, auf der vorwissenschaftlichen Betrachtungsebene im verborgenen bleiben, durch wissenschaftliche Erfassung eruiert werden müssen.

So stellt sich die Frage nach den Wissenschaften, die sich mit den Erscheinungsformen der Wirtschaft des Menschen, ihrem komplizierten Zusammenspiel und ihrer inneren Struktur beschäftigen. Dazu läßt sich folgende Reihe aufstellen:

Wirtschaftsgeographie - Wirtschaftswissenschaften - Wirtschaftssoziologie - Wirtschaftsgeschichte.

Formal scheint eine Übereinstimmung zu bestehen mit der Reihe: Bevölkerungsgeographie, Bevölkerungswissenschaft, Bevölkerungssoziologie und Bevölkerungsgeschichte, bei der sich ja die Bevölkerungswissenschaft als Mutterwissenschaft der Beschäftigung mit Bevölkerung herausstellte, der gegenüber sich die anderen Disziplinen geöffnet haben. Dies ist beim Verhältnis der Wirtschaftswissenschaften zu den umgebenden Disziplinen durch die eigenwillige, theoretisch-nomothetische Ausprägung, die die Wirtschaftswissenschaften erfahren haben, nur bedingt der Fall.

H. Winkel: Einführung in die Wirtschaftswissenschaften (UTB 1010); Paderborn 1980

E. Schneider: Die Wirtschaft im Schulunterricht; Kiel 1968

F.X. Bea, E. Dichtl, M. Schweitzer (Hrsg.): Allgemeine Betriebswirtschaftslehre; Bd. 1: Grundfragen (UTB 1081); 4. Auflage Stuttgart 1988; Bd. 2: Führung (UTB 1082); 3. Auflage Stuttgart 1987; Bd. 3: Leistungsprozeß (UTB 1083); 3. Auflage Stuttgart 1988

A. Heertje: Grundbegriffe der Volkswirtschaftslehre (Heidelberger Taschenbücher, Bd. 78); 2. Auflage Berlin, Heidelberg, New York 1975

J. Altmann: Volkswirtschaftslehre (UTB 1504); Stuttgart 1988

W. Henrichsmeyer, O. Gans, I. Evers: Einführung in die Volkswirtschaftslehre (UTB 680); 6. Auflage Stuttgart 1985

B. Gahlen, H.-D. Hardes, F. Rahmeyer, A. Schmid: Volkswirtschaftslehre (UTB 737); 14. Auflage Tübingen 1983

A. Montaner (Hrsg.): Geschichte der Volkswirtschaftslehre (Neue Wissenschaftliche Bibliothek); Köln, Berlin 1967

H.H. Glismann, E.-J. Horn, S. Nehring, R. Vaubel: Weltwirtschaftslehre (dtv Wissenschaft); 2. Auflage München 1982

Die deutschen Wirtschaftswissenschaften haben ihre tiefgreifende Umbruchsituation, einen grundlegenden Paradigmenwandel, bereits um die letzte Jahrhundertwende erlebt. Die historische Schule der Nationalökonomie, eine empirische Wissenschaft, an der Geschichtswissenschaft orientiert und insofern idiographisch-individualisierend ausgerichtet, klassifikatorische Wirtschaftsstufen aufstellend, wurde abgelöst von der theoretisch-nomothetischen Orientierung der Wirtschaftswissenschaften, die bis heute dominiert (A. Montaner).

Ausgangsposition dieser Richtung ist die Überzeugung, daß im Wirtschaftsleben Entscheidungen getroffen werden müssen, die auf Kenntnissen der Zusammenhänge und Bedingungen der Wirtschaft beruhen (sollen). Dabei sind die Beziehungen, die zwischen den einzelnen Sachverhalten der Wirtschaft bestehen, beispielsweise zwischen Höhe der Preise, Umfang der Nachfrage und deren Entwicklung, quantitativer Natur: wenn die Preise sinken, erhöht sich die Nachfrage in einer spezifischen Weise. Diese Art der Beziehungen läßt sich am besten mathematisch beschreiben und graphisch darstellen (E. Schneider).

Es wird ein homo-oeconomicus-Verhalten des Menschen, ein nur rationales Verhalten, im Wirtschaftsleben unterstellt. Es werden allgemeine Annahmen gemacht, weshalb außer der Mathematik als Hilfe zur exakten Beschreibung der Beziehungen die selektiven, harten Theorien eine wichtige Rolle in den Wirtschaftswissenschaften spielen. Wie weit auf diesem Wege die differenzierte Wirklichkeit des Wirtschaftslebens, die aus dem komplizierten Zusammenspiel eine Überfülle von nicht immer quantifizierbaren, auch psychologischen Sachverhalten besteht, angemessen erfaßt wird, muß fraglich bleiben.

Es werden also in den Wirtschaftswissenschaften nicht wie in der empirischen Soziologie Befragungen durchgeführt, etwa der Teilnehmer am Wirtschaftsleben, um auf den Auswertungen von deren Aussagen basierende Erkenntnisse zu gewinnen, sondern es werden im Rahmen allgemeiner Annahmen naturwissenschaftlichen Aussagen vergleichbare Gesetzmäßigkeiten der Beziehungen zwischen den Sachverhalten des Wirtschaftslebens aufgestellt.

Zu diesem Ansatz der Wirtschaftswissenschaften, auf hohem Abstraktionsniveau, paßt es, daß sie im allgemeinen nicht in die Niederungen der Wirtschaftssektoren, des primären, sekundären und tertiären Sektors, herabsteigen. Landwirtschaftliche Betriebslehre wird an der Universität Kiel nicht in der Wirtschaftswissenschaftlichen Fakultät, sondern in der Agrarwissenschaftlichen Fakultät gelehrt. Die Gliederung der Wirtschaftswissenschaften geht also nicht von den drei Wirtschaftssektoren aus, sondern ist vielmehr nach den Größenordnungen von Wirtschaft - Betrieb, Volkswirtschaft, Weltwirtschaft - ausgerichtet.

Die Betriebswirtschaftslehre (BWL) befaßt sich in der gekennzeichneten Art und Weise mit den internen Beziehungen der Wirtschaftsbetriebe allgemein (F.X. Bea, E. Dichtl, M. Schweitzer). Dabei spielen die Rahmenbedingungen der Betriebsentscheidungen, die Einflüsse der verschiedenen Arten von Kosten auf den Standort, die Kosten für Beschaffung, Fertigung, Marketing, Management und Personal in ihrem Zusammenspiel, die Einnahmen und Ausgaben, die Bilanzen, aber auch die Organisationsformen der Betriebe, ihre Rechtsform, die Planung und Informationsbeschaffung eine Rolle. Im Rahmen der Betriebswirtschaftslehre ist eine Teildisziplin, Operations Research, entstanden, die unter praktischer Anwendung der Systemtheorie um die Quantifizierung der Beziehungen innerhalb eines Betriebes bemüht ist. Marktforschung, Preispolitik, Investitionen und Finanzierung, Personalwirtschaftslehre, Gesellschaftsrecht, Organisationslehre sind andere wichtige Teilgebiete der Betriebswirtschaftslehre.

In ähnlich allgemeiner Weise - also kaum auf die Analyse einzelner Volkswirtschaften ausgerichtet - widmet sich die Volkswirtschaftslehre (VWL) den die Betriebe übergreifenden Sachverhalten des Wirtschaftslebens. Dabei sind die Produktionsfaktoren von Bedeutung; traditionell werden - die Wirklichkeit verkürzend - drei Hauptproduktionsfaktoren gesehen: Boden - Arbeit - Kapital, wobei der Faktor Boden - besser wären die naturräumlichen Bedingungen der Produktion - vernachlässigt wird bzw. transformiert in der Form von Kosten erscheint. Die Arbeit - geistige und körperliche Arbeit, schöpferische und ausführende, gelernte, angelernte und ungelernte Arbeit werden unterschieden - ist wie der Boden ein originärer Produktionsfaktor, das Kapital - Geldkapital und Sach- oder Realkapital werden unterschieden - ein abgeleiteter. Arbeitsteilung, die Zerlegung der Arbeit inner- und überbetrieblich, Tausch und Markt, Rentabilität und Produktivität, der Wirtschaftskreislauf, der Güterstrom von den Unternehmen zu den Haushalten (Konsumgüter), der Güterstrom von den Haushalten zu den Unternehmen (Arbeitsleistungen), Sozialprodukt, Einkommen und ihre gleichmäßige oder ungleichmäßige Verteilung, die Beschäftigung, der Arbeitsmarkt und seine Entwicklung und weitere Teilmärkte, so vor allem der Kapitalmarkt, konjunkturelle Entwicklungen, wirtschaftliches Wachstum und seine Bedingungen, Wirtschaftsordnungen als Rahmenbedingungen und ihre Auswirkungen und die Wirtschaftspolitik werden verfolgt (J. Altmann; W. Hennrichsmeyer, O. Gans, I. Evers; B. Gahlen, H.-D. Hardes, F. Rahmeyer, A. Schmid).

Die nicht gleichrangig neben den zwei Hauptzweigen der Wirtschaftswissenschaften, Volkswirtschaftslehre und Betriebswirtschaftslehre, etablierte Weltwirtschaftslehre (WWL) befaßt sich mit den die Volkswirtschaften übergreifenden, internationalen Beziehungen des Wirtschaftslebens, bei dem es um Export und Import, Zahlungsbilanzen und ihre Auswirkungen, die terms of trade (die Relation der Exportgüterpreise zu den Importgüterpreisen), die Abhängigkeiten im internationalen Wirtschaftsleben, besonders zwischen Industrie- und Entwicklungsländern - auf allgemeiner Ebene - geht.

Nach der voranstehenden Beschreibung des Grundansatzes der Wirtschaftswissenschaften kann es nicht überraschen, daß der Grundansatz der Wirtschaftssoziologie ein anderer ist, die Wirtschaftssoziologie keine den Methoden der Wirtschaftswissenschaften sich öffnende Disziplin - wie die Bevölkerungssoziologie in ihrem Verhältnis zur Bevölkerungswissenschaft - darstellt.

A. Burghardt: Allgemeine Wirtschaftssoziologie (UTB 349); München 1974

W. Burisch: Industrie- und Betriebssoziologie (Sammlung Göschen); 7. Auflage Berlin, New York 1973

W. Littek, W. Rammert, G. Wachtler (Hrsg.): Einführung in die Arbeits- und Industriesoziologie; 2. Auflage Frankfurt, New York 1983

N.J. Smelser: Soziologie der Wirtschaft (Grundfragen der Soziologie, Bd. 13); 2. Auflage München 1972

Naturgemäß sieht die Wirtschaftssoziologie - als Teildisziplin der Soziologie - das Wirtschaftsleben unter dem sozialen Aspekt. Dabei sind es zwar auch die Haushalte, die als Wirtschaftseinheiten betrachtet werden, außerdem soziale Aspekte des Berufes und der Arbeit, auch der Arbeitslosigkeit (A. Burghardt), aber hauptsächlich läuft die Wirtschaftssoziologie auf eine Betriebssoziologie unter besonderer Berücksichtigung des (großen) Industriebetriebes, hinaus (W. Burisch; W. Littek, W. Rammert, G. Wachtler).

Der Wirtschaftsbetrieb wird als Sozialgebilde analysiert, überwiegend mit den Methoden der empirischen Sozialforschung. Bei den großen (Industrie-)Betrieben interessiert besonders die (Betriebs-)Hierarchie, interessieren die Beziehungen der Angehörigen der verschiedenen sozialen Schichten innerhalb des Betriebes und die Leistungen, die sie als ungelernte, angelernte oder mehr oder weniger hochrangig ausgebildete Arbeitskräfte einbringen. Fließende Übergänge bestehen zur Arbeitswissenschaft, die sich mit den Bedingungen des Arbeitsplatzes, am Fließband oder im Büro, und seiner humanen Gestaltung beschäftigt - bis hin zur Ergonomie, mit wiederum fließenden Übergängen zur Anthropologie.

Eine grundlegend andere wissenschaftliche Position - besonders was den methodischen Ansatz betrifft - nimmt die Wirtschaftsgeschichte ein.

H. Schachtschabel (Hrsg.): Wirtschaftsstufen und Wirtschaftsordnungen; Wege der Forschung, Bd. 176; Darmstadt 1971

H. Kellenbenz, J. Schneider, R. Gömmel (Hrsg.): Wirtschaftliches Wachstum im Spiegel der Wirtschaftsgeschichte; Wege der Forschung, Bd. 376; Darmstadt 1978

F.-W. Henning: Das vorindustrielle Deutschland, 800-1800; Wirtschafts- und Sozialgeschichte, Bd. 1 (UTB 398); 4. Auflage Paderborn 1985

F.-W. Henning: Die Industrialisierung in Deutschland 1800-1914; Wirtschafts- und Sozialgeschichte, Bd. 2 (UTB 145); 6. Auflage Paderborn 1984

F.-W. Henning: Das industrialisierte Deutschland, 1914-1986; Wirtschafts- und Sozialgeschichte, Bd. 3 (UTB 337); 6. Auflage Paderborn 1988

Die Teildisziplin Wirtschaftsgeschichte kommt von der Geschichtswissenschaft her, nicht von den Wirtschaftswissenschaften. Die Historiker, traditionell der politischen Geschichte zugetan, haben sich gegenüber wirtschaftlichen (und sozialen) Sachverhalten geöffnet und eine Teildisziplin Wirtschafts- und Sozialgeschichte etabliert. Eine allgemeine Geschichte gibt es nicht - wenn man von ideologischen Orientierungen, die einen gesetzmäßigen Verlauf in der Geschichte der Menschheit (K. Marx) oder ein Auf und Ab der Kulturen und Zivilisationen (A. Toynbee; O. Spengler) zu erkennen glauben - absieht. Eine Öffnung der Teildisziplin Wirtschafts- und Sozialgeschichte gegenüber den allgemein und theoretisch-nomothetisch orientierten Wirtschaftswissenschaften ist nicht erfolgt, wohl auch nicht möglich, oder nur insofern, wie einige Aspekte der Wirtschaftswissenschaften, z.B. wirtschaftliches Wachstum, auch in historischer Perspektive verfolgt werden können (H. Kellenbenz, J. Schneider, R. Gömmel). So basiert Wirtschaftsgeschichte auf der empirischen Ermittlung wirtschaftlicher (und sozialer) Fakten unter Zugrundelegung von Quellenmaterial, schriftlichen Überlieferungen, das ausgewertet wird, und resultiert in einer beschreibenden, erzählenden Geschichtsdarstellung, wie die dreibändige von F.-W. Henning über Deutschland, in der Aspekte und Grundbegriffe der Wirtschaftswissenschaften wie wirtschaftliches Wachstum und Sozialprodukt durchaus verwendet, aber auch die Entwicklung der Wirtschaftssektoren, primärer, sekundärer und tertiärer Sektor, in historischer Perspektive intensiv verfolgt werden.

Es stellt sich die Frage, wie sich die Wirtschaftsgeographie in die arbeitsteilige Organisation der wissenschaftlichen Beschäftigung mit Wirtschaft einordnet.

H.-G. Wagner: Wirtschaftsgeographie (Das Geographische Seminar); Braunschweig 1981

G. Voppel: Wirtschaftsgeographie (Schaeffers Grundriß des Rechts und der Wirtschaft); Stuttgart, Düsseldorf 1975

L. Schätzl: Wirtschaftsgeographie 1. Theorie (UTB 787); 3. Auflage Paderborn 1988; Wirtschaftsgeographie 2. Empirie (UTB 1052); Paderborn 1981; Wirtschaftsgeographie 3. Politik (UTB 1383); Paderborn 1986

P. Sedlacek: Wirtschaftsgeographie. Eine Einführung; Darmstadt 1988

E. Wirth (Hrsg.): Wirtschaftsgeographie; Wege der Forschung, Bd. 219; Darmstadt 1969

E. Obst, G. Sandner: Allgemeine Wirtschafts- und Verkehrsgeographie; Lehrbuch der Allgemeinen Geographie, Bd. 7; 3. Auflage Berlin 1969

H. Boesch: Weltwirtschaftsgeographie; 2. Auflage Braunschweig 1969

R. Lütgens (Hrsg.): Erde und Weltwirtschaft. Handbuch der Allgemeinen Wirtschaftsgeographie.
Bd. 1: R. Lütgens: Die geographischen Grundlagen und Probleme des Wirtschaftslebens; Stuttgart 1950
Bd. 2: R. Lütgens: Die Produktionsräume der Erde; 2. Auflage Stuttgart 1958
Bd. 3: E. Otremba: Allgemeine Agrar- und Industriegeographie; 2. Auflage Stuttgart 1960

Bd. 4: E. Otremba: Allgemeine Geographie des Welthandels und Weltverkehrs; Stuttgart 1957
Bd. 5: E. Fels: Der wirtschaftende Mensch als Gestalter der Erde; Stuttgart 1954

Im Lehrbuch der Wirtschaftsgeographie von H.-G. Wagner wird der Wirtschaftsraum, werden die erdräumlichen Bezüge und Bedingungen der Wirtschaft als zentraler Forschungsgegenstand herausgestellt. Von der Wirtschaft des Menschen unberührte Erdräume, also die Anökumene, fallen aus der Betrachtung heraus.

In jedem kleinen und großen Wirtschaftsraum sind die Einrichtungen der Wirtschaft in zahlreiche Raumqualitäten eingebettet und mit ihm verflochten. Zu solchen Gegebenheiten innerhalb der Wirtschaftsräume zählen die natürlichen Verhältnisse, vom Relief über die Lagerstätten im Untergrund, die Böden bis zum Klima, die demographischen und die sozialen Verhältnisse der Bevölkerung, die örtlichen ökonomischen Bedingungen und die staatlich-politischen Gegebenheiten, die alle als Wirkungsfaktoren für die Wirtschaft im jeweiligen Erdraum auftreten. Auf dieser Grundlage kann ein Modell/System konstruiert werden, in dem die Beziehungen der zahlreichen Sachverhalte qualitativ angedeutet werden.

Die Untersuchung der Erdraumverflechtungen der Wirtschaft läuft auf diese Aspekte hinaus: die Strukturanalyse, d.h. die Ermittlung der Strukturelemente des Wirtschaftsraumes - nicht nur der ökonomischen; die Funktionsanalyse, d.h. die Ermittlung des Zusammenspiels der Strukturelemente - nicht nur der ökonomischen; und die Prozeßanalyse, die den kurz- und langfristigen Entwicklungszusammenhang als Prozeß verfolgt. Bei dem letztgenannten Aspekt sind vor allem zwei unterschiedliche Qualitäten wirtschaftlicher Erdraumorganisation nach H.-G. Wagner zu berücksichtigen: die präindustriellen und die industriegesellschaftlichen Verhältnisse. Zu der Untersuchung der erdräumlichen Verflechtung der Wirtschaft gesellt sich also gleichrangig die Untersuchung der Einbettung der Wirtschaft in die gesellschaftliche Entwicklung. Beides geschieht auf empirischer Basis.

G. Voppel, der ebenfalls den Wirtschaftsraum bzw. die erdräumliche Verflechtung der Wirtschaft als Forschungsgegenstand der Wirtschaftsgeographie ansieht, widmet sich in seinem Grundriß der Wirtschaftsgeographie den von den Wirtschaftswissenschaften vernachlässigten drei Wirtschaftssektoren und geht auf sie in ihrem erdräumlichen Bedingungszusammenhang, auf die Agrargeographie, die Industriegeographie und die Handels- und Verkehrsgeographie, ein.

Dagegen ist die dreibändige Einführung in die Wirtschaftsgeographie von L. Schätzl wesentlich anders angelegt: sie ist am stärksten gegenüber dem Ansatz der Wirtschaftswissenschaften geöffnet. Dies kommt nicht nur in dem ersten Band (Theorie) zum Ausdruck, in dem eine Theorienkunde, eine Zusammenstellung von Theorien der Wirtschaftswissenschaften, vorgenommen wird, die einen erdräumlichen Bezug aufzuweisen haben; dies sind vor allem Standorttheorien der Wirtschaftswissenschaften, die sich mit den Standorten der Wirtschaftsbetriebe des primären, sekundären und tertiären Sektors, ihren Beziehungen zum Erdraum und ihren Auswirkungen auf den Erdraum beschäftigen.

Auch der dritte Band (Politik) nimmt Themen der Wirtschaftswissenschaften, wie Strategieüberlegungen zur Beseitigung sozioökonomischer (erdräumlicher) Disparitäten, etwa zwischen Industrie- und Entwicklungsländern, aber auch innerhalb einzelner Länder auf; mit dem Thema (Wirtschafts-)Politik wird ein bisher in der Wirtschaftsgeographie nur am Rande behandelter Gesichtspunkt aufgewertet.

Der zweite Band von L. Schätzl (Empirie) trägt einen eventuell in die Irre führenden Titel. Es handelt sich nicht um Methoden, durch schriftliche Quellen überlieferte oder durch Befragung gewonnene Aussagen über Wirtschaftsräume auszuwerten - so wird Empirie vorrangig verstanden -, sondern um mathematisch-statistische Verfahren wirtschaftswissenschaftlicher Wachstums- und Strukturanalyse unter besonderer Berücksichtigung der Produktionsfaktoren Arbeit, Kapital und technischer Fortschritt - eine Vorgehensweise, die in den Wirtschaftswissenschaften als empirisch bezeichnet wird (H. Winkel), was insofern berechtigt ist, als auch statistische Daten empirische sind.

Die von L. Schätzl eingenommene Position, die sich von den Positionen H.-G. Wagners und G. Voppels deutlich unterscheidet, zeigt, daß auch in der Wirtschaftsgeographie, wie in anderen Teildisziplinen der Kulturgeographie, der Spielraum der Konzeptionen weit ist. Dadurch ist zwar pluralistische Wissenschaft möglich, aber auch Unsicherheit innerhalb des Faches Geographie gegeben.

Die von G. Voppel markierte Leitlinie der wirtschaftsgeographischen Beschäftigung mit den drei Wirtschaftssektoren in ihrem erdräumlichen Zusammenhang ist in der Wirtschaftsgeographie von speziellen Lehrbüchern der Agrargeographie, der Industriegeographie und der Geographie des tertiären Sektors aufgenommen worden.

A. Arnold: Agrargeographie (UTB 1380); Paderborn 1985

W.-D. Sick: Agrargeographie (Das Geographische Seminar); Braunschweig 1983

K. Ruppert (Hrsg.): Agrargeographie; Wege der Forschung, Bd. 171, Darmstadt 1973

Sowohl bei A. Arnold als auch bei W.-D. Sick wird als Wirtschaftsraum der Agrarraum gesehen, und es werden die Einfluß nehmenden Faktoren, die natürliche Ausstattung der Erdräume, die Ansprüche der Nutzpflanzen und Nutztiere, die historischen Vorgaben, die besonders in den Betriebsgrößen zum Ausdruck kommen, die sozialen Gegebenheiten der Betriebsfamilie, der Markt, die Art der Nachfrage und die politischen Rahmenbedingungen in einer der erdräumlichen Wirklichkeit deutlich angenäherten Weise dargestellt. Bei A. Arnold gibt es auch einen Überblick über die Agrarregionen der Erde, differenziert nach viehwirtschaftlichen und ackerbaulichen Gesichtspunkten.

Theoretische Aspekte stehen in der Agrargeographie nicht im Mittelpunkt, werden aber auch nicht ausgeschlossen. So ist die wirtschaftswissenschaftliche, harte Theorie von J.H. von Thünen (1783-1850) zu einer klassischen Theorie auch der Agrargeographie geworden.

J.H. von Thünen ging von - gegenüber der Wirklichkeit der Erdräume zum Teil irrealen - Annahmen aus, so der Annahme einer homogenen, weit ausgedehnten Agrarfläche um eine Stadt herum, auf der alle Produktionsausrichtungen gleich leicht zu bewerkstelligen sind. Auch nahm er an, daß der Transport von Agrarprodukten zum Markt in der Stadt von allen Nutzflächen gleich leicht zu erledigen ist, mit - in Abhängigkeit vom Gewicht der Waren und der Entfernung zum Markt - gleichmäßig steigenden Kosten, die vom Produzenten zu tragen seien. Weiter nahm er an, daß auf dem Markt in der Stadt für bestimmte Produkte nur bestimmte Preise zu erzielen sind - eine durchaus realistische Annahme. Aus diesen Zusammenhängen und der Tatsache, daß die agraren Produktionskosten plus Transportkosten nicht die auf dem Markt zu erzielenden Einnahmen übersteigen dürfen, folgerte er, daß nur bestimmte Agrarprodukte in bestimmter Entfernung vom Markt in der Stadt angebaut werden könnten. Dieses Ergebnis schlägt sich in dem J.H. von Thünen'schen Modell der zunehmend extensiver werdenden agraren Nutzung mit zunehmender Entfernung vom Markt (in der

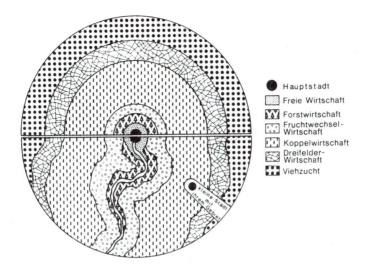

Abb. 13: Modell der Agrarraumstruktur nach der Theorie von J.H. von Thünen (aus A. Arnold, S. 60)

Stadt) nieder. Die in Abb. 13 angegebenen Verhältnisse beziehen sich auf die Nutzungsarten des 19. Jahrhunderts; die extensive Nutzungsart Forstwirtschaft findet sich in Stadtnähe, weil damals hohe Kosten für den Holztransport anfielen.

Der Wert einer solchen harten Theorie wird in der Agrargeographie nicht nur als wissenschaftlicher Wert an sich gesehen, sondern auch als heuristischer, d.h. den Erkenntnisprozeß fördernder, der darin besteht, daß man einen Beurteilungsmaßstab besitzt, den man anlegen kann, um sowohl die Übereinstimmungen zwischen Modell und Wirklichkeit als auch die Abweichungen zu erkennen, für deren Erklärung andere Gründe als die in der Theorie genannten angeführt werden müssen.

W. Brücher: Industriegeographie (Das Geographische Seminar); Braunschweig 1982

W. Mikus: Industriegeographie. Themen der allgemeinen Industrieraumlehre; Erträge der Forschung, Bd. 104; Darmstadt 1978

K. Hottes (Hrsg.): Industriegeographie; Wege der Forschung, Bd. 329; Darmstadt 1976

In prinzipiell ähnlicher Weise wie in der Agrargeographie wird in der Industriegeographie der Industrieraum als Wirtschaftsraum betrachtet. Im Sinne einer von A. Kolb propagierten, über die ältere, die physiognomische Sicht der Industrielandschaft hinausgehende, funktionale Betrachtungsweise ist es das Zusammenspiel der Rohstoffe und ihrer Herkunftsgebiete, der Energie und ihrer Herkunftsgebiete, der Arbeitskräfte und ihrer Einzugsgebiete, der Produkte und ihrer Absatzgebiete, das über den Standort eines Industriebetriebes oder einer Gruppe von Industriebetrieben in arbeitsteiliger Abstimmung entscheidet.

Auch in der Industriegeographie kann eine aus den Wirtschaftswissenschaften stammende, klassisch zu nennende Industriestandorttheorie, von A. Weber (1868-1958), zwar nicht zur vollständigen Erklärung der realen Standorte, aber doch zu ihrer Beurteilung als Maßstab herangezogen werden.

In der Industriegeographie wird auch auf Industriezweige und Industriegebiete eingegangen. Die Industriegeographie mündet ein in die Konstruktion eines Modells des Industrialisierungsprozesses im erdräumlich und zeitlich größeren, nationalen Rahmen, d.h. industriegesellschaftlicher Entwicklung, wobei das Zusammenspiel zahlreicher materieller und immaterieller Sachverhalte als System gesehen und die Beziehungen zwischen der Überfülle von Sachverhalten qualitativ zum Ausdruck gebracht werden (Abb. 14).

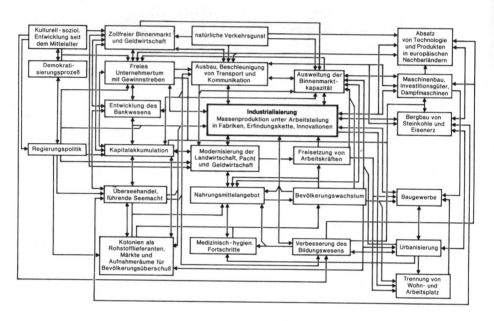

Abb. 14: Der Industrialisierungsprozeß als System (aus W. Brücher, S. 14)

Ein deutschsprachiges Lehrbuch der Geographie des so weitläufigen und vielfältigen tertiären Sektors muß noch geschrieben werden.

G. Heinritz (Hrsg.): Standorte und Einzugsbereiche tertiärer Einrichtungen. Beiträge zu einer Geographie des tertiären Sektors; Wege der Forschung, Bd. 591; Darmstadt 1985

G. Heinritz: Zentralität und zentrale Orte (Teubner Studienbücher Geographie); Stuttgart 1979

P. Schöller (Hrsg.): Zentralitätsforschung; Wege der Forschung, Bd. 301; Darmstadt 1972

Bei der noch weiter zu entwickelnden wissenschaftlichen Beschäftigung mit dem tertiären Sektor spielt eine ebenfalls als klassisch zu bezeichnende, harte, von einem Wirtschaftswissenschaftler und Geographen, W. Christaller (1893-1969), geschaffene Theorie eine wichtige Rolle. Auch er ging - wie J.H. von Thünen bei seiner Theorie - von einer begrenzten Zahl von Annahmen aus, die ebenfalls teilweise mit der Wirklichkeit der Erdräume kollidieren. So nahm er eine verkehrsmäßig in alle Richtungen gleich leicht zu bewältigende Fläche um kleinere und größere Siedlungen herum an, ungeachtet der Tatsache, daß Verkehr durch Gebirge, Wälder, Heiden, Moore, Wasserflächen, Flüsse etc. deutlich in bestimmte Bahnen gelenkt wird. Weiter nahm er an, daß im Umkreis um die Einrichtungen des tertiären Sektors - einzelne Einzelhandelsgeschäfte oder Gruppen von tertiären Einrichtungen in Siedlungen - die Nachfrager wohnen. Sie machen die von ihnen aufgesuchten Ziele zu zentralen Orten (niederen bzw. höheren Ranges) mit ihren zugehörigen Einzugsgebieten. Außerdem ging W. Christaller davon aus, daß die Nachfrager im Einzugsgebiet eines zentralen Ortes nicht nur die Kosten des dort zu erwerbenden Wirtschaftsgutes zu tragen haben, sondern auch die Transportkosten. Da W. Christaller ein homo-oeconomicus-Verhalten der Nachfrager, ein nur rationales Verhalten, unterstellte, ist mit diesem Verhalten der Nachfrager auch das Aufsuchen des nächstgelegenen zentralen Ortes zum Erwerb des gewünschten Gutes verknüpft.

Aus diesen Zusammenhängen leitete W. Christaller eine Hierarchie der niedrig- und hochrangigen zentralen Orte mit ihren kleinen und größeren, sich überlagernden Einzugsgebieten ab, die zu einem hexagonalen Strukturmuster der Verteilung der Siedlungen im Erdraum führt (Abb. 15).

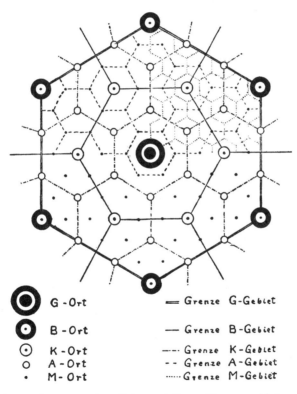

Abb. 15: Verteilung der zentralen Orte und ihrer Einzugsgebiete nach der Theorie von W. Christaller (aus W. Christaller, 1933, Nachdruck von 1968, S. 71)

Diese Theorie, vor dem Zweiten Weltkrieg entstanden, in einer Phase, in der theoretische Überlegungen der Kulturgeographie fremd waren, brauchte lange, um sich - erst nach dem Zweiten Weltkrieg geschah dies - Anerkennung zu erwerben. Lange stießen sich Kulturgeographen, vor allem Siedlungs- und Wirtschaftsgeographen daran, daß - ihrer Meinung nach - die Theorie zu wenig Erklärungsgehalt für die so differenzierte erdräumliche Wirklichkeit bot. Immer wieder wurden Abweichungen von dem in der Theorie geforderten erdräumlichen Verteilungsmuster der zentralen Orte und ihrer Einzugsgebiete festgestellt und der Theorie negativ angelastet. Heute dürfte der heuristische Wert dieser klassischen Theorie allgemein anerkannt sein, der in der Bereitstellung eines Beurteilungsmaßstabes zur - nicht vollständigen - Erklärung erdräumlicher, zentralörtlicher Siedlungsmuster dient.

Wirtschaftswissenschaften und Wirtschaftsgeographie haben sich über lange Zeit in nur loser oder gar keiner Verknüpfung nebeneinander her entwickelt.

R.B. McNee: Der Wandel der Beziehungen zwischen Wirtschaftswissenschaften und Wirtschaftsgeographie; in: D. Bartels (Hrsg.): Wirtschafts- und Sozialgeographie; Köln, Berlin 1970, S. 405-417

In England hat einer der Begründer der Wirtschaftswissenschaften, A. Smith (1723-1790), unter dem Eindruck des dort zuerst einsetzenden Industrialisierungsprozesses die volkswirtschaftliche Frage nach den Bedingungen des Wohlstandes der Nationen gestellt, die in enger Verbindung steht mit der Frage nach der Wirtschaftsordnung und ihren Auswirkungen auf die Freisetzung der wirtschaftlichen Triebkräfte des einzelnen Menschen (damals noch im Rahmen seiner ethischen Bindungen).

In Deutschland etablierte sich in der zweiten Hälfte des 19. Jahrhunderts unter dem Einfluß der tonangebenden Geschichtswissenschaft die historische Schule der Nationalökonomie (F. List, B. Hildebrand, K. Bücher und andere).

Danach erfolgte ein grundlegender Paradigmenwechsel, die Wende der Nationalökonomie zu einer geradezu ahistorischen, allgemeinen, mathematisch-theoretischen Wissenschaft.

Unter dem Eindruck der über die einzelnen Volkswirtschaften ausgreifenden, weltweiten Wirtschaftsrezessionen nach dem Ersten Weltkrieg entstanden von volkswirtschaftlicher Seite neue Theorien, vor allem durch J.M. Keynes (1883-1946), der sich mit den Zusammenhängen der Entwicklung von Beschäftigung, Zins und Geld auseinandersetzte. Darüber hinaus wurde nach der vorangegangenen Phase des Wirtschaftsliberalismus für eine Wirtschaftspolitik plädiert, bei der der Staat bei Abschwächungen der Konjunktur und Depressionen gegensteuert.

Heute wird von Kritikern den modernen Wirtschaftswissenschaften die "Vertreibung des Menschen aus der Wirtschaftstheorie" (H. Arndt) vorgeworfen, die Einbeziehung des Menschen nur als Kostenfaktor, also die zu einseitige Orientierung auf nur ökonomische Verhältnisse in einer industriegesellschaftlichen Welt übergreifender sozialer und räumlicher Verflechtungen.

In der zweiten Hälfte des 20. Jahrhunderts begann die Wirtschaftsgeographie als Produktenkunde und Verbreitungslehre im Zeichen einer kolonialen Expansion des Deutschen Reiches und des Erwerbs überseeischer Gebiete sowie des Handels mit ihnen (K. Andree; E. Friedrich).

Nicht unähnlich der konzeptionellen Entwicklung in der Siedlungsgeographie wandte sich die Wirtschaftsgeographie der Physiognomie der Wirtschaftslandschaften, besonders den stark ins Auge fallenden Industrielandschaften (W. Gerling), zu.

Diese Richtung wurde ergänzt und abgelöst von strukturellen und funktionalen Betrachtungsweisen des Wirtschaftsraumes und seiner grundlegenden, inneren und äußeren Verflechtungssituation (A. Kolb). Dabei wurden auch harte Theorien der Wirtschaftswissenschaften, soweit sie einen Erdraumbezug aufweisen, übernommen. Eine generelle Öffnung der Wirtschaftsgeographie gegenüber den Wirtschaftswissenschaften erfolgte nicht.

Damit ist teilweise die Frage nach der Umbruchsituation in der Wirtschaftsgeographie beantwortet. Diese Teildisziplin der Kulturgeographie verharrt weitgehend auf dem Niveau der strukturellen und funktionalen Analyse. Eine systematische Anwendung und Übernahme der Systemtheorie ist nicht erfolgt. Das schließt nicht aus, daß in Ansätzen Systeme des Industrialisierungsprozesses und des Wirtschaftsraumes konstruiert werden, um die Überfülle der miteinander in Verbindung stehenden Sachverhalte auf empirischer Ebene überschaubar in den Griff zu bekommen und die Beziehungen qualitativ zu verdeutlichen. Der Einsatz von Modellen wird dabei in großem Umfang betrieben.

J.D. Henshall: Models of Agricultural Activity; S. 425-458

F.E.I. Hamilton: Models of Industrial Location; S. 361-424

D.E. Keeble: Models of Economic Development; S. 243-302; alle in: R.J. Chorley, P. Haggett (Hrsg.): Socio-Economic Models in Geography; London 1968

Weiterreichende Bemühungen um Quantifizierung der Verflechtungen des Wirtschaftslebens in noch größerem erdräumlichen Umfang stehen noch aus.

Naheliegender als eine Öffnung der Wirtschaftsgeographie zu den Wirtschaftswissenschaften hin wäre - um der Einbeziehung des Menschen willen, wegen der engen Verknüpfung von ökonomischen und sozialen Sachverhalten - eine Öffnung gegenüber der Soziologie, die zum guten Teil auf einer ähnlich empirischen Basis beruht wie die Wirtschaftsgeographie. Solche Ansätze der Einbeziehung des Menschen in die Wirtschafts- und Sozialgeographie gibt es auf räumlich begrenzter Ebene, wenn z.B. die sozialen und kulturellen Unterschiede zwischen Steinkohlenbergmann und Braunkohlenarbeiter (I. Vogel) aufgedeckt wurden. Ein solcher Ansatz bietet sich zur sachlich und erdräumlich ausgreifenden Erweiterung auf industriegesellschaftliche Entwicklung an und sollte auch die Wende zur Berücksichtigung der Verhaltensweisen des Menschen im sozialgeographischen Rahmen mit vollziehen.

Sozialgeographie. Der Mensch ist ein soziales Wesen. Von seiner Geburt bis zu seinem Tode gehört er zu kleineren und größeren sozialen Gruppen, zu Gemeinschaften, zur Gesellschaft und zur Menschheit. Die Robinson-Situation ist eine Ausnahme; selbst Robinson fand seinen Freitag.

Der Mensch wird in der Regel in eine Familie hineingeboren, in der er aufwächst. Zur Familie, der kleinsten sozialen - und durch das gemeinsame Wohnen auch räumlichen - Einheit gehören die Eltern und Geschwister, unter Umständen auch Personen einer älteren Generation. Das Zusammenleben in der Familie vollzieht sich aufgaben- und arbeitsteilig. In der Regel übernimmt der Vater die Mehrzahl der außenwirtschaftlichen Funktionen, die Beschaffung des Einkommens zum Familienunterhalt, während sich die Mutter - Berufstätigkeit ist in den Industriegesellschaften häufig - mehr den Aufgaben der Erziehung der Kinder, deren geordnetem Hineinwachsen in Familie und Gesellschaft, widmet.

Auch in dieser kleinsten sozialen Einheit sind durch Aufgabenteilung und Altersunterschiede unterschiedliche Interessenlagen und unterschiedliche Verhaltensweisen gegeben, agieren die Familienmitglieder mit- und gegeneinander in einem Beziehungsgeflecht als Prozeß.

In größeren, über die Familie ausgreifenden sozialen Situationen erfährt der junge Mensch im Kindergarten, in der Schule, auf der Straße, das Zusammenleben mit anderen nicht mit ihm verwandten, fremden Personen, die ihm bekannt werden, mit denen sich Freundschaften entwickeln können oder die ihm anonym bleiben. Früh lernt er von Normen bestimmte Verhaltensweisen im Umgang mit anderen Menschen.

Am Arbeitsplatz ist der Mensch sowohl in die Situation übereinstimmender Interessen mit Arbeitskollegen, mit denen er eine Gruppe bildet, als auch in die Situation unterschiedlicher Interessen anderer Arbeitskollegen, die wiederum andere Gruppen bilden, hineingestellt. Kaum ein Betrieb ist so klein, als daß nicht auch soziale Unterschiede der Rangstufe innerhalb des Betriebes erfahren werden, die sich auf unterschiedliche Ausbildung, unterschiedliches Einkommen, unterschiedliches Ansehen stützen können. Trotzdem wird auch die Erfahrung eines funktionierenden Zusammenspiels der Betriebsgemeinschaft als ganzes gemacht, zu der sich ein kollektives Bewußtsein gegenüber Außenstehenden gesellen kann.

In der Regel befindet sich die Wohnstätte in der Nähe anderer Wohnstätten: es ergibt sich daraus ein nachbarschaftliches Verhältnis, sei es innerhalb eines Dorfes, einer Vorortsiedlung, eines städtischen Wohnhauses mit beschränkter Stockwerkzahl, oder eines Großwohnhauses mit einer Vielzahl von Wohnparteien. Aus den aufgezählten Situationen folgen unterschiedliche Nachbarschaftsbeziehungen der sozialen Nähe und Ferne, der sozialen Distanz.

Innerhalb der Gemeinde als größerer sozialer Einheit besteht nach den unterschiedlichen Interessenlagen der Gemeindemitglieder/Bürger eine Vielzahl von Gruppen, die spezifische Verhaltensweisen erkennen lassen, die auch räumlich selektiv orientiert sind, wobei eine Person mehreren Gruppen angehören kann: Katholiken und Protestanten gibt es, Mitglieder und Anhänger der politischen Parteien, aktive, in Vereinen organisierte Sportler und passive Besucher von Sportveranstaltungen, um nur einige Beispiele zu nennen. Sie alle erfahren das Grundphänomen sozialer Beziehungen der Menschen auf individueller, persönlicher Ebene: daß es Übereinstimmungen der Interessen und Verhaltensweisen und große Unterschiede gibt, Gleichheit und Ungleichheit.

Auf der übergemeindlichen Ebene, in so großen sozialen Gebilden wie den Staaten, aber auch zwischen Staaten, den Industrie- und den Entwicklungsländern, präsentieren sich Gleichheit und Ungleichheit unpersönlich, gibt es gutnachbarliche, wirtschaftliche Beziehungen sowie Konkurrenzdruck und Existenzkampf, die in unterschiedlichen innen- und außenpolitischen Positionen zum Ausdruck kommen. Daneben findet sich auch die übergreifende, Industrie- und Entwicklungsländer umfassende, unpersönliche Erfahrung der **einen** Menschheit, die in das Bewußtsein des Menschen und in seine weltumspannenden, staatlichen und kirchlichen, sozialen Organisationen eingegangen ist, die der Menschheit dienen wollen.

Die bisherigen Ausführungen lassen erkennen: weite Bereiche sozialer Wirklichkeit sind vorwissenschaftlicher Erfahrung zugänglich; es sind praktisch alle Bereiche, in denen persönliche zwischenmenschliche Beziehungen bestehen, wie in der Familie, in der Schule, am Arbeitsplatz, in der Wohnnachbarschaft und in der

Gemeinde. Wieweit dabei die emotionale Ebene der Erfahrung von sozialer Wirklichkeit überschritten und die rationale Ebene der Bewußtmachung erreicht wird, mag dahingestellt bleiben.

Auch über die genannten Bereiche hinaus wird soziale Wirklichkeit umfangreich, wenn auch meist anonym, vorwissenschaftlich erfahren.

Aus der Bedürfnisstruktur des Menschen ergeben sich Notwendigkeiten der Deckung seiner geistigen und materiellen Bedürfnisse. Sicherlich ist Bedarfsdeckung in bedeutendem Umfang ein wirtschaftliches Phänomen, aber nicht nur für die geistigen, auch die materiellen Bedürfnisse gilt, daß es sich ebenso um ein soziales Phänomen handelt. Zur Bedarfsdeckung sind tägliche, periodische und aperiodische (gelegentliche) soziale Kontaktaufnahmen erforderlich, die sich nicht unbedingt an rationalen Überlegungen zu orientieren brauchen. Vielmehr spielt eine Fülle von sozialen Rahmenbedingungen bei den Entscheidungen eine Rolle, in welcher Weise, wo und mit welchen Angeboten man den geistigen und materiellen Bedürfnissen Rechnung trägt. Dabei sind eigene und fremde Normen, persönliche Vorlieben, Einkommen und Ausbildung, Lebensalter, Gesundheitszustand und Geschlechtszugehörigkeit, Zeitaufwand und Zeitverfügungsmöglichkeit, Erreichbarkeit, Verkehrsmittelverfügbarkeit und Bedienungsfreundlichkeit - auch auf der vorwissenschaftlichen Erfahrungsebene - bestimmende Faktoren.

Eine entsprechende Beeinflussung durch den sozialen Kontext, den eigenen und den fremden, umweltlichen, ist bei den Entscheidungen festzustellen, die zu der Vielzahl von (Grund-)Verhaltensweisen im Rahmen der Gestaltung von Freizeit, Erholung und Verkehrsteilnahme auf der vorwissenschaftlichen Erfahrungsebene führen.

Spaziergänge und Ausflüge in der eigenen Stadt lassen auch den Laien Eindrücke von Stadtvierteln der Reichen mit protzigen Villen und üppigen Gartenanlagen sowie Stadtvierteln der Armen mit ungepflegten und verfallenden Innenstadthäusern sammeln und vermitteln so das Bild von sozialer Ungleichheit als unmittelbare Anschauung. Ähnliche Eindrücke gewinnt man auf der vorwissenschaftlichen Ebene bei Besuchen der Fußgängerzonen in den Städten der Industrieländer, in denen prächtige Auslagen der Geschäfte mit bettelnden Menschen kontrastieren.

Auf Reisen und durch die Medien erfährt man von sozialem Elend südasiatischer und afrikanischer Entwicklungsländer ebenso wie vom Reichtum kleiner Gruppen von Angehörigen ausgewählter Industrieländer.

Zur Beantwortung der Frage, welche wissenschaftlichen Disziplinen sich mit der so vielfältigen sozialen Wirklichkeit beschäftigen, läßt sich folgende Reihe aufstellen:

Sozialgeographie - Soziologie - Sozialgeschichte.

Aus dieser Reihe ergibt sich die weitergehende Frage, ob zwischen der Soziologie und der Sozialgeographie ein prinzipiell ähnliches wissenschaftliches Verhältnis wie zwischen der Demographie und der Bevölkerungsgeographie besteht, die Soziologie als Mutterwissenschaft anzusehen ist. Zur Beantwortung dieser Frage bedarf es zunächst des Blickes auf die Soziologie.

I. Seger: Knauers Buch der modernen Soziologie; München, Zürich 1970 (populärwissenschaftlich)

H.P. Henecka: Grundkurs Soziologie (UTB 1323); Opladen 1985

B. Schäfers (Hrsg.): Grundbegriffe der Soziologie (UTB 1416); Opladen 1986 (zum Nachschlagen; nach dem Alphabet geordnet)

E. Wallner: Soziologie. Einführung in Grundbegriffe und Probleme; 2. Auflage Heidelberg 1972

R. König (Hrsg.): Handbuch der empirischen Sozialforschung; 14 Bde, Stuttgart 1967 (seitdem mehrere Neuauflagen verschiedener Bände)

D. Claessens (Hrsg.): Grundfragen der Soziologie; 15 Bde, München 1967 (seitdem Neuauflagen verschiedener Bände)

F. Jonas: Geschichte der Soziologie; 2 Bde, 2. Auflage Opladen 1981

J. Friedrichs: Methoden empirischer Sozialforschung; 12. Auflage Opladen 1984

H. Kromrey: Empirische Sozialforschung (UTB 1040); 3. Auflage Opladen 1986

Die Soziologie beschäftigt sich mit den zwischenmenschlichen Beziehungen der Individuen und der Gruppen.

Der Mensch wird als handelndes Wesen verstanden (T. Parsons), das unter Abwägung seiner Motive und Ziele im Rahmen sozialer, ökonomischer und geistiger Bedingungen und Normen zu seinen (physischen) Verhaltensweisen (im Erdraum) gelangt. (Daraus ergeben sich fließende Übergänge zur Sozialpsychologie.)

Innerhalb soziologischer Betrachtung lassen sich verschiedene Ebenen unterscheiden (H.P. Henecka): die Mikroebene der Familie/Haushalte und Betriebe; die Mesoebene der kleinen und großen Gemeinden, der ländlichen und städtischen Siedlungen mit ihren Lebenswelten/Siedlungsgemeinschaften, auf die beim Thema Siedlungsgeographie-Siedlungssoziologie eingegangen wurde; die Makroebene der Gesellschaft im nationalen Rahmen mit ihren spezifischen sozialen Gruppen, Klassen, Schichten und die Supermakroebene internationaler und globaler Staatengemeinschaften bis hin zur Menschheit als Sozialgebilde. Aus dieser Betrachtungsweise ergeben sich zahlreiche Bindestrichsoziologien. Wie in anderen Wissenschaften auch sind strukturelle und funktionale Gesichtspunkte wichtige Aspekte.

Große Themenbereiche in den Handbüchern der Soziologie (D. Claessens) und der empirischen Sozialforschung (R. König) sind: Jugend, Alter, Familie, Beruf, Organisation, Militär, Macht, Kommunikation, Freizeit, Konsum, Wahlverhalten, abweichendes Verhalten, Kriminalität, Sprache, Künste, Religion, Bildung, Medien, Mobilität, Schichtung, sozialer Wandel.

In der Familiensoziologie geht es um das Rollenverhalten von Vater, Mutter und Kindern in der Familie, um die Klärung des Autoritätsverlustes des Vaters in modernen Gesellschaften, verglichen mit präindustriellen, um den Sozialisationsprozeß beim Hineinwachsen der Kinder in die Familie und die Gesellschaft, auch um den Strukturwandel von der Groß- zur Kleinfamilie im Verlauf industriegesellschaftlicher Entwicklung.

In der Betriebssoziologie - das wurde schon beim Thema Wirtschaftsgeographie - Wirtschaftssoziologie vermerkt - geht es außer um die Arbeitsplatzgestaltung mit Übergängen zur Arbeitswissenschaft um die hierarchisch-soziale Gruppierung der Beschäftigten im Betrieb - Auszubildende, Arbeiter, Angestellte, Beamte, Selbständige - nach Funktions- und sozialen Rangunterschieden.

Im gesellschaftlichen Rahmen beschäftigt sich die Soziologie mit der Ermittlung der Sozialstruktur, der Rollen und der Positionen der verschiedenen sozialen

Gruppen innerhalb der Gesellschaft. Soweit es sich bei diesen sozialen Gruppen um die Träger von ein oder zwei Merkmalen handelt, Beschäftigte - Arbeitslose, Angehörige der in den Industriegesellschaften so zahlreichen Berufe, Mitglieder der Kirchen, in kleinen oder großen Gemeinden lebende Menschen etc. etc., kann der zahlenmäßige Anteil dieser Gruppen in der Statistik abgelesen werden und bedarf keiner soziologischen Untersuchung. Wenn es aber um die Zugehörigkeit zu sozialen Schichten - Unter-, Mittel-, Oberschicht - geht, wird die Erfassung und Zuordnung schwierig und bedarf wissenschaftlichen Vorgehens. In diesem Zusammenhang stellt sich die Frage, nach welchen Kriterien eine solche Gruppierung, im Sinne einer höheren oder tieferen Position innerhalb der Gesellschaft, erfolgen soll: nach dem Beruf, nach dem Einkommen, nach dem Ausbildungsstand oder einer Kombination von diesen Merkmalen; oft differieren Selbsteinschätzung und Fremdeinschätzung.

Darüber hinaus interessiert der Strukturwandel der Gesellschaft unter Aspekten wie: welche Veränderungen lassen sich bei der Zusammensetzung der Unter-, Mittel- und Oberschicht erkennen, und wie hat sich ihr zahlenmäßiger Anteil im Laufe industriegesellschaftlicher Entwicklung verändert. Diese Entwicklung präsentiert sich als Wandel von der präindustriellen, dichotomischen Sozialstruktur, in der einer kleinen Oberschicht-Elite in der Stadt die Masse der bäuerlichen Bevölkerung im ländlichen Raum gegenüberstand, während in der hochentwickelten Industriegesellschaft die Angehörigen der in sich differenzierten Mittelschicht mit städtischer Lebensweise dominieren (H. Schelsky). Die ökonomischen Rahmenbedingungen sind dabei ein stark beeinflussender Faktor; der Anteil der im tertiären Sektor beschäftigten Angestellten der Industriegesellschaften nehmen zu, der Anteil der Arbeiter, besonders des sekundären Sektors, ab.

Was die gesellschaftliche Entwicklung betrifft, so hat es große, politisch-ideologische, theoretische Entwürfe gegeben; beispielsweise von K. Marx (1818-1883), der - im 19. Jahrhundert - nur zwei Gruppen (Klassen) kannte, die Bourgeoisie und das Proletariat, die sich - nach seiner Auffassung - durch Besitz bzw. Nichtbesitz von Produktionsmitteln unterscheiden und die in antagonistischer Weise einander gegenüberstehen. Als quasi-naturwissenschaftliches Gesetz wollte K. Marx - im Stile der letzten Jahrhundertwende, als die Naturwissenschaften große Bedeutung erlangten - einen notwendigen, gesetzmäßigen Verlauf gesellschaftlicher Entwicklung in Richtung auf die Aufhebung der gegensätzlichen Klassen erkennen.

Andere Gesellschaftsentwürfe, wie beispielsweise der von H. Spencer (1820-1903), sahen die Beziehungen der sozialen Gruppen innerhalb der Gesellschaft biologistisch, unter dem Einfluß von Ch. Darwin (1809-1882), als natürliche Auslese, als Kampf aller gegen alle.

Auf globaler Ebene ist die Soziologie dabei, sich mit den Entwicklungsländern unter spezifischen Aspekten ihrer Wissenschaft zu beschäftigen.

G. Eisermann (Hrsg.): Soziologie der Entwicklungsländer; Stuttgart, Berlin, Köln, Mainz 1968

R. König u.a. (Hrsg.): Aspekte der Entwicklungssoziologie; Kölner Zeitschrift für Soziologie und Sozialpsychologie, Sonderheft 13; Köln, Opladen 1969

Dabei geht es um alte, formale und neue, funktionale Eliten, die Rollen von Unternehmern und Intellektuellen, Fremdenverkehr in der Dritten Welt und seine Auswirkungen und um sozialen Wandel.

Wenn es sich nicht um Merkmalsgruppen handelt, also die Zusammenfassung von Menschen nach einem Merkmal oder mehreren, beispielsweise als Brillenträger, sondern um funktionale Gruppen wie Familie, Haushalt, Betrieb, Gemeinde, Stadt, Gesellschaft, dann ist der Soziologie durch V. Pareto (1848-1923) der Systemgedanke - im Sinne des Zusammenspiels der Teile/Gruppen - seit langem vertraut. V. Pareto überwand mit dieser heute wieder modernen Konzeption die noch ältere, biologistische Vorstellung von der Gesellschaft als Organismus. Heute werden kleine und große Funktionsgruppen innerhalb der Gesellschaft und die Gesellschaft als ganzes in der Soziologie als Systeme im Sinne der Systemtheorie aufgefaßt (N. Luhmann) und - wenn auch nur qualitativ-theoretisch - beschrieben. Der empirisch-quantitativen Ermittlung der soziologisch relevanten Sachverhalte und besonders ihrer Beziehungen, stehen angesichts der Fülle der Einzelerscheinungen und der Einfluß nehmenden Faktoren im Rahmen ihres Zusammenspiels und angesichts der grundsätzlichen Problematik der Erfassung und Quantifizierung von Bewußtseinsinhalten sehr große Schwierigkeiten entgegen.

Die empirisch arbeitende Soziologie basiert auf Datenmaterial über die soziale Wirklichkeit. In einigem Umfang fällt dieses Material bei Volkszählungen an; Grundlage der Beschaffung ist auch da die Befragung, die schriftliche Befragung. Aber viele soziologisch interessante Daten, was das Funktionieren der Gesellschaft und das Zusammenspiel der sozialen Gruppen angeht, auch sensible Daten, wie beispielsweise über Einkommen, liefern die Volkszählungen, die allerdings als Gesamterhebungen durchgeführt werden, nicht. Es bedarf also besonderer, an der jeweiligen soziologischen Fragestellung orientierter, oft mündlicher Befragungen, die - wegen des technischen und finanziellen Aufwandes - meist nur als Stichprobenbefragungen ausgeführt werden können, wie beispielsweise bei Wahlprognosen. Inhaltlich stimmen die Methoden empirisch-soziologischer Datenerhebung und Datenauswertung (F. Friedrichs; H. Kromrey) mit den von R. Hantschel und E. Tharun beschriebenen anthropogeographischen Arbeitsweisen voll überein.

Die gewonnenen Daten können mathematisch-statistischen Auswertungsverfahren unterzogen werden, um auf diese Weise auch quantitative Aussagen über Zusammenhänge zu erhalten, denen zwar nicht der Rang naturwissenschaftlicher Gesetzlichkeit, aber doch sozialwissenschaftlicher Regelhaftigkeit zukommt. Über die Anwendung und den Einsatz mathematisch-statistischer Auswertungsverfahren hinaus - dies muß auch hier betont werden - darf nicht vergessen werden, daß die berechneten Werte einer weiteren Bearbeitungsstufe, nämlich der Bedeutungsklärung im theoretisch-interpretativen Rahmen, durchaus auch hermeneutisch, zu unterwerfen sind.

Wesentlich anders ist die Datengrundlage der Sozialgeschichte. Bei ihrem rückwärts, in die Vergangenheit gerichteten Blick, sind Befragungen lebender Personen prinzipiell nicht möglich. Hier bedarf es der Heranziehung von anderem Quellenmaterial. Das können - in begrenztem Umfang - auch ältere statistische Daten sein, in der Regel wird es sich um schriftliche Überlieferung handeln, die durch Textexegese auszuwerten ist.

H.-U. Wehler: Geschichte als Historische Sozialwissenschaft (Edition Suhrkamp); Frankfurt am Main 1973

H.-U. Wehler (Hrsg.): Geschichte und Soziologie (Neue Wissenschaftliche Bibliothek); Köln 1972

W. Fischer, G. Bajor: Die soziale Frage. Neuere Untersuchungen zur Lage der Fabrikarbeiter in den Frühphasen der Industrialisierung; Stuttgart 1967

R. Engelsing: Zur Sozialgeschichte deutscher Mittel- und Unterschichten; Kritische Studien zur Geschichtswissenschaft, Bd. 4; Göttingen 1973

W. Conze, U. Engelhardt (Hrsg.): Arbeiter im Industrialisierungsprozeß. Herkunft, Lage und Verhalten; Industrielle Welt, Bd. 28; Stuttgart 1979

Lange herrschte im Fach Geschichte die Beschäftigung mit politischer Rechts- und Verfassungsgeschichte, mit den großen Gestalten der Weltgeschichte, den epochalen geschichtlichen Wendungen, vor. Erst nach dem Zweiten Weltkrieg erfolgte eine umfangreice Hinwendung zur Sozial- und Wirtschaftsgeschichte. Die Schrift von H.-U. Wehler von 1973 kann als Programm dieser Richtung angesehen werden. Die Übernahme von Begriffen und Fragestellungen der Soziologie, die Untersuchung von sozialen Schichten und der sozialen Frage unter spezifischen Rahmenbedingungen des gesellschaftlichen Prozesses ist unverkennbar. Ebenso unverkennbar ist die enge Verknüpfung mit wirtschaftlichen Aspekten, so daß auch im Fach Geschichte, entsprechend dem zeitlich-formalen Grundansatz, fächerübergreifende Verbindungen hergestellt werden können.

Es fragt sich nun, welche konzeptionelle Position die Sozialgeographie, besonders im Hinblick auf ihre Beziehungen zur Soziologie, einnimmt.

J. Maier, R. Paesler, K. Ruppert, F. Schaffer: Sozialgeographie (Das Geographische Seminar); Braunschweig 1977

W. Storkebaum (Hrsg.): Sozialgeographie; Wege der Forschung, Bd. 59, Darmstadt 1969

R. Hantschel, E. Tharun: Anthropogeographische Arbeitsweisen (Das Geographische Seminar); Braunschweig 1980

W.F. Killisch, H. Thoms: Zum Gegenstand einer interdisziplinären Sozialraumbeziehungsforschung; Schriften des Geographischen Instituts der Universität Kiel, Bd. 41, Kiel 1973

Für die junge Entstehung der Sozialgeographie als Teildisziplin der Kulturgeographie ist es bezeichnend, daß in der großen Reihe der Lehrbücher der Allgemeinen Geographie, begründet von E. Obst, fortgeführt von J. Schmithüsen, noch immer kein Band über die Sozialgeographie erschienen und daß es auch sonst mit deutschsprachigen Zusammenfassungen knapp bestellt ist. Deshalb seien hier zwei englischsprachige Veröffentlichungen genannt.

E. Jones, J. Eyles: An Introduction to Social Geography; Oxford 1977

E. Jones (Hrsg.): Readings in Social Geography; Oxford 1975

Zwei Richtungen lassen sich in der deutschen Sozialgeographie erkennen, vertreten durch die Wiener Schule von H. Bobek und die Münchner Schule von W. Hartke.

Von der einen Richtung werden relativ kleine, milieugeprägte soziale Gruppen in ihren lebensweltlichen Bedingungen und gesellschaftlichen Bezügen erfaßt und dargestellt; so - für den traditionellen, präindustriellen Orient - Nomaden, Fellachen und Staedter (H. Bobek; H. von Wißmann), auch Kosaken, Buren, Gauchos, Cowboys und Mormonen (in Utah), ebenso Hütekinder, Landfahrer, Schäfer, Steinkohlenbergmänner und Braunkohlenarbeiter (I. Vogel), außerdem Zigeuner, Wanderarbeiter, Gastarbeiter, Vertriebene, aber auch ethnische Gruppen in nordamerikanischen Städten wie Neger, Chinesen, Italiener, Puertoricaner - dabei kommt es zu Übergängen zur Sozialökologie der Siedlungsgeographie und Siedlungssoziologie (E. Wirth).

Bei Merkmalsgruppen und funktionalen Gruppen werden die Beziehungen der Gruppenmitglieder untereinander und die Beziehungen zu ihrer sozialen, ökonomischen und natürlichen Umwelt untersucht.

Die andere Richtung setzt mit der Unterscheidung von Grunddaseinsfunktionen (Wohnen, Arbeiten, Sich-Versorgen, Sich-Bilden, Sich-Erholen, Verkehrsteilnahme, In-Gemeinschaft-Leben) an. Grundsätzlich geht es dabei um Verhaltensweisen, also die physischen Manifestationen des handelnden Menschen (im Erdraum), der aber - bevor es zu solchen Verhaltensweisen kommt - Entscheidungen treffen muß, in die vielerlei Überlegungen, Motive, Hoffnungen, Normen eingehen. Deshalb ist in der Sozialgeographie in die Untersuchung - auf der Beschreibungs- und Erklärungsebene - die Erforschung der Bewußtseinsinhalte, die erst zu den Verhaltensweisen führen, einzubeziehen. Sicherlich erfolgt auf diese Weise die Loslösung von der dinglich erfüllten, nur physiognomisch erfaßten Kulturlandschaft, die zur Registrierplatte sozialer Verhaltensweisen und Prozesse wird; aber damit stellt sich auch das schwierige Problem der angemessenen Erfassung der Bewußtseinsinhalte überhaupt - vom Quantifizieren ganz zu schweigen.

Die Richtung der Lebensformgruppenuntersuchungen bewegt sich überwiegend auf der Mikro- bis Mesoebene der sozialräumlichen Größenordnungen; die Richtung der Beschäftigung mit den Grunddaseinsfunktionen gelangt auch nicht in wesentlich höhere Größenordnungen. Meist sind es Siedlungen, Städte, in denen die Grunddaseinsfunktionen erfaßt und - nach Merkmalen/Indikatoren - in ihrem erdräumlichen Erscheinungsbild verortet werden. Da aber die soziologische Grundposition, den Menschen als handelndes Wesen zu sehen, Leitlinie ist, geht es bei den Trägern der Verhaltensweisen auch um aktionsräumliche Gruppen und deren Reichweiten, beispielsweise bei der Verbindung von Arbeitsstätte und Wohnstätte als Pendler oder die Wirkungsfelder des Einkaufsverhaltens oder die Reichweiten des Freizeitverhaltens - im Zusammenspiel von natürlichen, wirtschaftlichen und sozialen Gegebenheiten in den Ziel- und Herkunftsgebieten. Auch die wechselnde Stellung im Lebenszyklus (Familiengründungsphase, Expansionsphase, Stagnationsphase, Reduktionsphase, Altersphase), die wechselnden Ansprüche an das Wohnen, was Lage und Ausstattung betrifft, und der damit verbundene Wohnungswechsel (Umzugsverhalten) werden, auch im Rahmen größerer gesellschaftlicher Prozesse wie der Suburbanisierung, in ihren erdräumlichen, siedlungsmäßigen Bedingungen und Auswirkungen untersucht.

Das Räumlichsoziale und das Sozialräumliche (W. Killisch, H. Thoms) unter Einbeziehung der Bewußtseinslage des handelnden Menschen auf der Beschreibungs- und Erklärungsebene sind das Untersuchungsfeld der Sozialgeographie.

Wenn man wiederum die Frage nach der Umbruchsituation stellt, dann ist zunächst zu betonen, daß überhaupt die Entstehung der Sozialgeographie als Teil der Umbruchsituation im Fach (Kultur-)Geographie nach dem Zweiten Weltkrieg angesehen werden muß. Inhaltlich kommt dies in der Hinwendung zum Menschen als handelndem Wesen und der Beschäftigung mit seinen Verhaltensweisen in ihren Bedingungen und Auswirkungen zum Ausdruck.

In diesem Zusammenhang ergibt sich die Frage, wie weit eine Öffnung gegenüber der Soziologie erfolgt ist.

E. Wirth: Die deutsche Sozialgeographie in ihrer theoretischen Konzeption und in ihrem Verhältnis zur Soziologie und Geographie des Menschen; in: Geographische Zeitschrift, 65. Jg.; Wiesbaden 1977, S. 161-187

Mit der Übernahme der soziologischen Grundposition von T. Parsons (der Mensch als ein handelndes Wesen) ist eine grundlegende Öffnung gegenüber der modernen Soziologie vorgenommen worden. Auch was die Methoden der empirischen Sozialforschung angeht, besteht Übereinstimmung zwischen den von J. Friedrichs und H. Kromrey dargelegten Methoden mit den von R. Hantschel und E. Tharun beschriebenen anthropogeographischen Arbeitsweisen. Damit ist notwendigerweise auch die Übernahme einer ganzen Reihe von Grundbegriffen der Soziologie verknüpft.

Andererseits sind, wie E. Wirth feststellte, die zwei Hauptthemen (Lebensformgruppen und Grunddaseinsfunktionen) der Sozialgeographie keine gängigen Themen der Soziologie. Insbesondere fehlt es in der deutschen Sozialgeographie an Auseinandersetzungen mit übergreifenden gesellschaftlichen Prozessen, etwa der Entstehung und Herausbildung der Industriegesellschaft mit nicht nur sozialstruktureller, sondern eben auch sozialräumlicher Differenzierung der Gesellschaft, mit sozialer Schichtung und sozialem Wandel in ihren erdräumlichen Auswirkungen. Dies mag daran liegen, daß man in der deutschen Sozialgeographie sich überwiegend auf der Mikro- und Mesoebene bewegt hat, zur Makroebene sozialräumlicher gesellschaftlicher Erscheinungen noch nicht systematisch vorgedrungen ist.

In diesem Zusammenhang ist auch festzustellen, daß es an eigenständiger sozialräumlicher oder in der Soziologie verankerter Theoriebildung mangelt, besonders auch wieder was die Makroebene gesellschaftlicher Entwicklung angeht. Dies schließt nicht aus, daß soziologische Modelle auch in der Sozialgeographie umfangreich verwendet werden.

| R.E. Pahl: Sociological Models in Geography; in: R.J. Chorley, P. Haggett (Hrsg.): Socio-Economic Models in Geography; London 1968, S. 217-242 |

Von einer als dynamisches System aufgefaßten Gesellschaft ausgehend, ließe sich ein übergreifender theoretischer Rahmen konstruieren, der sowohl verschiedene soziale, auch sozialräumliche Phänomene verknüpft als auch den Beurteilungsmaßstab für ihre Position im gesellschaftlichen und erdräumlichen Zusammenhang bis hin zur Meso- und Mikroebene abgibt.

Was allerdings die empirische Ermittlung des Zusammenspiels der gesellschaftlich relevanten sozialen und sozialräumlichen Sachverhalte auf der Makroebene angeht, und besonders die Quantifizierung der Beziehungen, so ist ein Erreichen dieses Zieles weder in der Soziologie noch in der Sozialgeographie oder der Sozialgeschichte abzusehen.

Nach dem Zweiten Weltkrieg hat sich eine neue Teildisziplin der Physischen Geographie, die Landschaftsökologie/Geoökologie, herausgebildet, deren Aufgabe darin besteht, die verschiedenen natürlichen Landschaftselemente, wie Relief, Boden, Klima, Vegetation, die alle von Teildisziplinen der Physischen Geographie untersucht werden, als System (Physiosystem) zu sehen und ihre Beziehungen quantitativ im Sinne von Landschaftshaushaltsbilanzen zu ermitteln.

Von diesem Tatbestand ausgehend, stellt sich die Frage, ob sich nicht in der Kulturgeographie vergleichbare Tendenzen erkennen lassen, die die Zusammenhänge von Bevölkerung, Siedlung, ökonomischen und sozialen Verhältnissen in einem übergreifenden, neuen Ansatz eruieren.

Was eine mit der Landschaftsökologie/Geoökologie vergleichbare, organisierte (Teil-)Disziplin angeht, so gibt es sie nicht. Es lassen sich jedoch einige Entwicklungsstränge erkennen, die eventuell zukünftig weiter führen.

IP. Dicken, P.E. Lloyd: Die moderne westliche Gesellschaft; New York 1984

Die Verfasser gehen von den Grunddaseinsfunktionen Wohnen und Arbeiten aus, sie erschöpfen sich jedoch nicht in deren separater Analyse. So werden Wohnen und Arbeiten in die gesellschaftliche Wohnungs- und Arbeitsmarktsituation, also in übergreifende ökonomische und soziale Verhältnisse, hineingestellt. Darüber hinaus geht es den beiden Autoren um die Ermittlung von Lebensqualität auf vielen Sachgebieten und Ebenen. Dies ist zwar ein vager Begriff, der weitgehend mit dem ebenso vagen Begriff Wohlbefinden gleichgesetzt wird; mit dieser Vorgehensweise ist jedoch ein wichtiger Schritt zur Integrierung der Bewußtseinslagen der Menschen in eine - eben übergreifende - kulturgeographische Betrachtungsweise getan.

Bei vielen Sachverhalten konstruieren die beiden Autoren qualitative Systeme, um die internen Strukturen und Beziehungen und den äußeren Bedingungszusammenhang sichtbar und überschaubar werden zu lassen. Das große methodische Problem der Erfassung und Darstellung von Systemen zu einem Zeitpunkt **und** die Berücksichtigung des Entwicklungsaspektes wurden dadurch angegangen, daß den dargestellten Systemen zahlreiche Diagramme hinzugefügt wurden, die die Veränderungen der Sachverhalte in der zeitlichen Dimension wiedergeben.

J. Pohl: Geographie als hermeneutische Wissenschaft. Ein Rekonstruktionsversuch; Münchener Geographische Hefte, Nr. 52; Kallmünz, Regensburg 1986

Hierbei handelt es sich um einen Programmentwurf. J. Pohl plädiert dafür, in der Kulturgeographie Lebenswelten, im E. Husserl'schen Sinne des Begriffes, als Forschungsgegenstand anzuerkennen und sie qualitativen Interpretationsverfahren zu unterziehen. Als Lebenswelten wären beispielsweise die Stadt oder das Dorf anzusehen. Auch von diesem Ansatz ergibt sich eine über die Teilsachverhalte Bevölkerung, Siedlung, ökonomische und soziale Verhältnisse, ausgreifende Vorgehensweise, die bis zur Industriegesellschaft (bzw. zur präindustriellen Gesellschaft in den Entwicklungsländern) als Lebenswelten führen könnte.

D. Bartels u.a.: Lebensraum Norddeutschland; Kieler Geographische Schriften, Bd. 61; Kiel 1984

Der Lebensweltenforschungsrichtung (als Entwurf von J. Pohl) kann eine (moderne, unpolitische) Lebensraumforschungsrichtung an die Seite gestellt werden. In dem Entwurf von D. Bartels ist sie nicht hermeneutisch angelegt, sondern geht - auf empirischer Basis - den Weg der Anwendung mathematisch-statistischer Verfahren bei der Datenauswertung; die Sachverhalte und - so weit möglich - ihre Beziehungen sollen quantitativ erfaßt werden. Inhaltlich ist auch dieser Ansatz bestrebt, über einzelne Teilaspekte ausgreifend zu einem Gesamtbild zu kommen, das ebenfalls den Aspekt der Lebensqualität berücksichtigt.

Die theoretische Fundierung einer übergreifenden, die kulturgeographischen Teildisziplinen integrierenden Forschungsrichtung könnte etwa so aussehen, daß man sich von einer Theorie gesellschaftlicher Transformation leiten läßt, die um eine Kombination, Parallelisierung und Synchronisierung von (beschreibenden, weichen) Subtheorien verschiedener wichtiger Teilsachverhalte und Teildisziplinen bemüht ist (R. Stewig). Dafür kämen in Frage:

- die Theorie der demographischen Transformation im Sinne von G. Mackenroth,

- die Theorie der Mobilitätstransformation im Sinne von W. Zelinsky,

- die Theorie der ökonomischen Transformation im Sinne von J. Fourastié,

- die Theorie der sozialstrukturellen Transformation im Sinne von H. Schelsky,
- die Theorie der siedlungsstrukturellen Transformation/Verstädterung.

Weitere, ergänzende Theorien wären denkbar. Auf diese Weise wäre wenigstens der Entwicklungsaspekt, wären die Aspekte der Veränderungen in der Zeit, erfaßt. Die theoretische Fundierung und überschaubare Konstruktion eines Supersystems Industriegesellschaft, das allen Ansprüchen gerecht wird, steht noch aus.

Die Bemühungen um eine Synthese der kulturgeographischen Teildisziplinen werden wahrscheinlich auf die Erweiterung der Sozialgeographie zu einer mit der Anthropogeographie oder Geographie des Menschen gleichzusetzenden Fachrichtung hinauslaufen.

E. Thomale: Sozialgeographie. Eine disziplingeschichtliche Untersuchung zur Entwicklung der Anthropogeographie; Marburger Geographische Schriften, Heft 53, Marburg 1972

Weiterführende Literaturhinweise

Hinweise auf ausgewählte deutschsprachige Lehrbücher der Verkehrsgeographie, Fremdenverkehrsgeographie, Politischen Geographie, Historischen Geographie und Religionsgeographie mit zum Teil einführendem Charakter:

Verkehrsgeographie:

G. Fochler-Hauke: Verkehrsgeographie (Das Geographische Seminar); 2. Auflage Braunschweig 1963

G. Voppel: Verkehrsgeographie; Erträge der Forschung, Bd. 135; Darmstadt 1980

E. Otremba, U. Auf der Heide (Hrsg.): Handels- und Verkehrsgeographie; Wege der Forschung, Bd. 343; Darmstadt 1975

Fremdenverkehrsgeographie:

K. Wolf, P. Jurczek: Geographie der Freizeit und des Tourismus (UTB 1381); Stuttgart 1986

K. Kulinat, A. Steinecke: Geographie des Freizeit- und Fremdenverkehrs; Erträge der Forschung, Bd. 212; Darmstadt 1984

B. Hofmeister, A. Steinecke (Hrsg.): Geographie des Freizeit- und Fremdenverkehrs; Wege der Forschung, Bd. 592; Darmstadt 1984

Politische Geographie:

U. Ante: Politische Geographie (Das Geographische Seminar); Braunschweig 1981

K.-A. Boesler: Politische Geographie (Teubner Studienbücher Geographie); Stuttgart 1983

J. Matznetter (Hrsg.): Politische Geographie; Wege der Forschung; Bd. 431; Darmstadt 1977

Historische Geographie:

H. Jäger: Historische Geographie (Das Geographische Seminar); Braunschweig 1969

Religionsgeographie:

M. Schwind (Hrsg.): Religionsgeographie; Wege der Forschung, Bd. 397; Darmstadt 1975

Ergänzende Literaturhinweise zum Stand einiger Teildisziplinen der allgemeinen Kulturgeographie aus einer Aufsatzreihe der Geographischen Rundschau, Braunschweig ("Stand und Aufgaben der Geographie"):

J. Bähr: Bevölkerungsgeographie: Entwicklung, Aufgaben und theoretischer Bezugsrahmen; in: Geographische Rundschau, 40. Jg., Braunschweig 1988, Heft 2, S. 6-13

C. Lienau: Geographie der ländlichen Siedlungen. Stand und Ansätze der Forschung; in: Geographische Rundschau, 41. Jg., Braunschweig 1989, S. 134-140

H.J. Nitz: Siedlungsgeographie als historisch-gesellschaftliche Prozeßforschung; in: Geographische Rundschau, 36. Jg., Braunschweig 1984, S. 162-169

E. Lichtenberger: Stadtgeographie—Perspektiven; in: Geographische Rundschau, 38. Jg., Braunschweig 1986, S. 388-394

H. Heineberg: Entwicklung und Forschungsschwerpunkte; in: Geographische Rundschau, 40. Jg., Braunschweig 1988, S. 6-12

E.W. Schamp: Grundsätze der zeitgenössischen Wirtschaftsgeographie; in: Geographische Rundschau, 35. Jg., Braunschweig 1983, S. 74-80

K. Rother: Agrargeographie; in: Geographische Rundschau, 40. Jg., Braunschweig 1988, Heft 2, S. 36-41

H. Nuhn: Industriegeographie. Neuere Entwicklungen und Perspektiven für die Zukunft; in: Geographische Rundschau, 37. Jg., Braunschweig 1985, S. 187-193

K. Schliephake: Verkehrsgeographie; in: Geographische Rundschau, 39. Jg., Braunschweig 1987, S. 200-212

Das Problem der Länderkunde in der Geographie

Wenn es im Rahmen der allgemeinen Physischen Geographie zur Etablierung der Teildisziplin Landschaftsökologie/Geoökologie gekommen ist, die sich mit dem Zusammenspiel der natürlichen Landschaftselemente, Relief, Klima, Boden, Vegetation, befaßt, wenn auch im Rahmen der allgemeinen Kulturgeographie Tendenzen zu erkennen sind, das Zusammenspiel der kulturellen Landschaftselemente, Bevölkerung, Siedlung, Wirtschaft, soziale Verhältnisse, zu untersuchen, dann überrascht es nicht, daß im Fach Geographie - und zwar seit längerer Zeit - das Zusammenspiel von natur- und kulturlandschaftlichen Elementen zu erfassen und darzustellen, als wesentliches Anliegen angesehen wird. Dabei geht es um mittlere und höhere erdräumliche Größenordnungen, Länder im weitesten Sinne, also dreidimensionale Ausschnitte der Erdoberfläche, die von der Region als Teilraum eines Staates über Länder- und Staatengruppen (Alte Welt, Neue Welt; Industrieländer, Entwicklungsländer; Kontinente) bis zur globalen Größenordnung reichen. Es stellt sich die Frage, wie man solche größeren Ausschnitte der Erdoberfläche sachlich angemessen erfassen und darstellen soll und kann.

R. Stewig (Hrsg.): Das Problem der Länderkunde; Wege der Forschung, Bd. 391; Darmstadt 1979

J. Bähr, R. Stewig (Hrsg.): Beiträge zur Theorie und Methode der Länderkunde; Kieler Geographische Schriften, Bd. 52, Kiel 1981

R. Stewig: Zur gesellschaftlichen Relevanz der Länderkunde (am Beispiel der Türkei); in: Zeitschrift für Wirtschaftsgeographie, 30. Jg., Frankfurt am Main 1986, S. 1-9

Nach heutigem methodischem Verständnis sind alle kleinen und großen Ausschnitte der Erdoberfläche als Systeme aufzufassen, die sich in der Dimension der Zeit verändern. Länderkunde hat es also mit dynamischen Raumsystemen (Geosystemen: Physio- und Soziosystemen) zu tun.

Nun bestehen bereits bei kleinen, räumlich begrenzten, lokalen Systemen große methodische Schwierigkeiten ihrer wissenschaftlichen Bewältigung, selbst wenn man nur das Zusammenspiel der natürlichen Landschaftselemente zu erfassen anstrebt. Die Schwierigkeiten erweitern sich ins schier Unermeßliche, wenn man auch noch den Menschen, seine Werke im Erdraum und seine Verhaltensweisen, woraus sich die Notwendigkeit der Berücksichtigung seiner Bewußtseinhalte ergibt, zu erfassen sucht.

Einer der Altmeister der Methode der deutschen Geographie in der ersten Hälfte des 20. Jahrhunderts, A. Hettner (1859-1941), hat - auch wenn er den Begriff System nicht verwendete - sehr wohl gesehen, daß in den kleinen und großen Erdräumen Wirkungsgefüge bestehen, mit denen es das Fach, eben auch in der Länderkunde als wesentlicher Teildisziplin neben der allgemeinen Geographie, zu tun hat. Vor der Darstellung solcher Wirkungsgefüge im länderkundlichen Rahmen kapitulierte er jedoch: "... die verwickelte Wechselwirkung, die in der Natur nun einmal besteht, spottet der Nachbildung" (A. Hettner, 1932, S. 4).

A. Hettner: Das länderkundliche Schema; in: Geographischer Anzeiger, 33. Jg., Gotha 1932, S. 1-6

Stattdessen propagierte er als länderkundliche Darstellungsmethode ein Stereotyp, das Länderkundliche Schema. Er ließ sich dabei von - heute wissenschaftstheoretisch zu einfach anmutenden - Grundsätzen wie "Klarheit, Vollständigkeit, Gleichmäßigkeit" (A. Hettner, 1932, S. 6) leiten.

Unter dem Länderkundlichen Schema verstand A. Hettner - basierend auf älteren Vorläufern - die, um der Gleichmäßigkeit willen, immer wiederholte Anwendung folgender Betrachtungs- und Darstellungskategorien auf jeden größeren Erdraum, auf jedes Land (im weitesten Sinne):

- Lage, Größe, Grenzen,
- Geologie,
- Geomorphologie,
- Klima,
- Böden,
- Vegetation,
- Bevölkerung,
- Siedlung,
- Wirtschaft,
- Verkehr.

Es ist sofort offenbar, daß es sich hier um die Aspekte der Teildisziplinen der allgemeinen Physischen und der allgemeinen Kulturgeographie handelt. In diesem Zusammenhang stellt sich die Frage, warum nicht die Landschaftsökologie und die Sozialgeographie vertreten sind. Die Antwort liegt in der Feststellung, daß diese Teildisziplinen erst nach Aufkommen des Länderkundlichen Schemas entstanden sind.

Weiter gehört zur Darstellungsmethode des Länderkundlichen Schemas, daß auf einen allgemein-geographischen Teil ein regionaler Teil folgt, in dem das jeweilige Land untergliedert in wichtige Teilräume dargestellt wird, oft wiederum unter den Gesichtspunkten der allgemeinen Physischen und der allgemeinen Kulturgeographie.

Die Darstellungsmethode des Länderkundlichen Schemas läßt sich mit einer Reihe von Adjektiven beschreiben und gleichzeitig - negativ - beurteilen. Sie ist enzyklopädisch. Das soll heißen: sie ist darauf aus, nach Art eines Nachschlagewerkes - zwar nicht nach dem Alphabet geordnet, aber doch im gleichen Sinne - einen Gesamtüberblick zu geben. Leitend war die Zielvorstellung der Vollständigkeit nach A. Hettner. Dabei hat auch die A. von Humboldt'sche Zielvorstellung von der Erfassung des Totalcharakters einer Erdgegend mitgespielt, die bis nach dem Zweiten Weltkrieg die Grundlage des Landschaftskonzeptes in der Geographie nach J. Schmithüsen bildete. Tatsächlich führte die Anwendung des Länderkundlichen Schemas nur vermeintlich zur Totalerfassung eines Landes, sind doch die Aspekte der allgemeinen Physischen und der allgemeinen Kulturgeographie selektive Ausschnitte aus der Überfülle physischer und kultureller Erscheinungen eines Erdraumes.

Andererseits waren die Bedingungen naturwissenschaftlich orientierter Wissenschaftstheorie im Sinne von K.R. Popper, die Selektivität als **eine** Bedingung von Wissenschaftlichkeit ansieht, durch das Länderkundliche Schema auch nicht erfüllt, fehlte doch die ganzheitliche Sichtweise und Darstellung im systemtheoretischen Sinne, fehlte die Berücksichtigung dessen, was das Mehr als die Summe der Teile ausmacht, eben des systemaren Zusammenhanges.

Die Darstellungsmethode des Länderkundlichen Schemas ist topographisch. Darunter ist die örtliche Fixierung der jeweiligen natürlichen und/oder kulturellen Sachverhalte zu verstehen. Angesichts der weiten Verbreitung, die Länderkunden nach dem Länderkundlichen Schema gefunden haben, und angesichts der Tatsache, daß sie in den Schulunterricht eingegangen sind, hat diese Art der Verortung geographisch relevanter Sachverhalte der Auffassung Vorschub geleistet, daß Geographie eine Verbreitungslehre sei, letztlich eine topographische Wissenschaft - im abwertenden Sinne des Wortes.

Die Darstellungsmethode des Länderkundlichen Schemas ist additiv. Es wurde bereits erwähnt, daß A. Hettner als Hauptverfechter des Länderkundlichen Schemas sehr wohl gesehen hat, daß in den kleinen und großen Erdräumen "verwickelte Wechselwirkungen" bestehen; auch andere Geographen, ältere und jüngere, sind sich weitgehend darin einig, daß es solche Wirkungsgefüge sind, mit anderen Worten Geosysteme (Physio- und Soziosysteme), mit denen es das Fach Geographie zu tun hat. Der Verzicht auf ihre Darstellung und die additive Anordnung des Stoffes in der Länderkunde nach dem Länderkundlichen Schema ist nur die Kapitulation vor den - real bestehenden - Schwierigkeiten der Erfassung von Systemen, besonders wenn es um Soziosysteme geht. Selbst Anhänger der Länderkunde haben die Darstellungsmethode des Schemas als additiv bezeichnet (H. Lautensach).

Die Darstellungsmethode des Länderkundlichen Schemas ist statisch. Der Begriff "statisch" ist hier im doppelten Sinne zu verstehen. Einmal soll damit ausgedrückt werden, daß die Betrachtungskategorien des Länderkundlichen Schemas meist nur zu einem Zeitpunkt auf den jeweiligen Erdraum angewendet werden, der wichtige Aspekte der Entwicklung und Veränderung über einen längeren Zeitraum meist unberücksichtigt bleibt. Zum anderen wurde in jener Zeit, in der das Länderkundliche Schema als die einzige Methode länderkundlicher Darstellungen galt, in der ersten Hälfte des 20. Jahrhunderts, das Zusammenspiel von erdräumlichen Sachverhalten als Prozeß - in zeitlicher Begrenzung - nicht gesehen oder wegen der Schwierigkeiten der Erfassung solcher Prozesse nicht dargestellt. A. Hettner hatte in der Phase starker physiognomischer Orientierung der Geographie Zweifel, ob das "Bild eines Landes" als "Vorgang" aufzufassen sei.

Die Darstellungsmethode des Länderkundlichen Schemas ist deskriptiv. Ohne Zweifel war es A. Hettner klar, daß zur Wissenschaftlichkeit eines Faches nicht nur die Beschreibung von Tatsachen, sondern auch das Bemühen um ihre Erklärung gehört. In diesem Sinne stießen auch Länderkunden nach dem Länderkundlichen Schema zur Erklärungsebene vor. A. Hettner sah in der Reihenfolge der Berücksichtigung der Betrachtungskategorien der allgemeinen Physischen und der allgemeinen Kulturgeographie im Rahmen des Länderkundlichen Schemas eine Erklärungsabfolge: in den jeweils vorausgehenden Sachverhalten meinte er mehr Ursache als Wirkung zu erkennen (A. Hettner, 1932, S. 4). Damit wurde prinzipiell nicht gerade ein differenzierter Erklärungszusammenhang angestrebt. Hinzu kommt, daß zahlreiche Länderkunden nach dem Länderkundlichen Schema auf der Beschreibungsebene verharrten.

Die Darstellungsmethode des Länderkundlichen Schemas ist monodisziplinär. Es lag im Zuge der Zeit, in der ersten Hälfte des 20. Jahrhunderts, daß der wissenschaftliche Zeitgeist auch das Fach Geographie nicht verschonte. Wie andere Disziplinen auch war die Geographie, im Sinne der traditionellen mittelalterlichen Schubfächer-Organisation von Wissenschaft, darum bestrebt, einen eigenen und mit keinem anderen Fach teilbaren Forschungsgegenstand zu besitzen, der damals eben im Land bzw. in der Landschaft gesehen wurde. So kam es kaum zu Grenzüberschreitungen zu anderen Fächern, und wenn, dann nur in begrenztem Umfang. Eine fächerübergreifende, interdisziplinäre Vorgehensweise - auch heute in vieler Hinsicht von der Verwirklichung weit entfernt - wurde damals noch nicht einmal als Ziel konzipiert.

Die Darstellungsmethode des Länderkundlichen Schemas ist physiognomisch. In der von J. Schmithüsen nach dem Zweiten Weltkrieg propagierten Landschaftskonzeption spielten die dinglichen Erscheinungen der Erdräume eine wichtige Rolle. Die von O. Schlüter um die letzte Jahrhundertwende begründete physiognomische Richtung in der Geographie, die in erster Linie die konkreten Gegenstände der Erdräume sah, diente auch den Länderkunden nach dem Länderkundlichen Schema als Orientierung. Dabei war es gerade A. Hettner klar, daß noch andere als die durch sinnliche Wahrnehmung zu erfassenden Gegenstände in der Geographie und der Länderkunde berücksichtigt werden sollten. Doch auch A. Hettner akzeptierte, daß das "Bild eines Landes" ein wichtiges Merkmal sei.

Die Darstellungsmethode des Länderkundlichen Schemas ist idiographisch. Mit dem von dem Wissenschaftsphilosophen W. Windelband (1848-1915) stammenden Begriffsgegensatzpaar idiographisch-nomothetisch/nomologisch sollte im Verständnis des ausgehenden 19. Jahrhunderts der Gegensatz der zwei wissenschaftlichen Hauptrichtungen gekennzeichnet werden, der nomothetisch/nomologische, auf die Erfassung und Darstellung von Gesetzen orientierte Ansatz der Naturwissenschaften, und der idiographische, auf die Erfassung und Darstellung der individuellen Züge, der Einzigartigkeiten, orientierte Ansatz der Geisteswissenschaften, darunter der Geschichtswissenschaft.

Was das Fach Geographie insgesamt angeht, so sah A. Hettner sowohl eine nomothetisch/nomologische als auch eine idiographische Ausrichtung, wobei der nomothetisch/nomologische Ansatz in der allgemeinen Geographie zum Ausdruck kommen sollte. Die Länderkunde wurde ganz der idiograpphischen Richtung zugeschlagen. "Die Aufgabe der Länderkunde ist es, die Länder der Erde als Individuum, d.h. einmalig vorkommende Gebilde der Erdhülle zu fassen" (H. Lautensach, 1933 bzw. 1967, S. 25). Die von H. Lautensach formulierte Auffassung kann als Kernsatz der Länderkunde im Sinne des Länderkundlichen Schemas gelten. Um es noch einmal zu betonen, es sollten **nur** die individuellen Züge der Länder sein, die in der Länderkunde herauszustellen seien.

Durch diese Auffassung war der Hauptangriffspunkt gegeben, der zwei Jahrzehnte nach dem Zweiten Weltkrieg zur expliziten Forderung nach Abschaffung der Länderkunde als Teildisziplin der Geographie, auf dem 37. Deutschen Geographentag in Kiel 1969, führen sollte. Bis dahin hat man uneingeschränkt an der idiographischen Konzeption der Länderkunde festgehalten, obwohl zwischen den beiden Weltkriegen erste Kritik am Länderkundlichen Schema geäußert und Verbesserungsvorschläge vorgebracht worden waren.

Angesichts des vorangegangenen, umfangreichen Negativkatalogs, was die Beurteilung des Länderkundlichen Schemas als Darstellungsmethode angeht, bedarf es der Erwähnung, daß diese Darstellungsmethode gegenüber noch älteren länderkundlichen Darstellungsmethoden einen Fortschritt gebracht hatte, nämlich den, einer gewissen Verwissenschaftlichung der Länderkunde überhaupt. Ältere länderkundliche Reisebeschreibungen waren im Subjektiven steckengeblieben, glaubten Abenteuerliches und Sensationelles, wenn nicht gar übertriebene, aufschneiderische und lügnerische Darstellungen fremder Länder dem Leser übermitteln zu müssen.

Zu einem der frühen Kritiker des Länderkundlichen Schemas - und damit A. Hettners - in der Zwischenkriegszeit zählt H. Spethmann.

| H. Spethmann: Dynamische Länderkunde; Breslau 1928 |
| H. Spethmann: Das länderkundliche Schema in der deutschen Geographie. Kämpfe um Fortschritt und Freiheit; Berlin 1931 |

Ohne selbst in seiner Länderkunde des Ruhrgebietes (1933) die propagierten Ziele zu verwirklichen, stellte er sinnvolle neue Ziele auf. Dazu gehörte, daß man die zeitliche Dimension in zweifacher Weise berücksichtigen sollte, einmal langfristig, zum anderen im Sinne des prozessualen Zusammenspiels der Sachverhalte. Er verglich Länderkunden nach dem Länderkundlichen Schema mit Speichern, und benutzte das Bild vom Räderwerk des Ineinandergreifens, um seine Zielvorstellung zu veranschaulichen. Darüber hinaus war ihm klar, daß außer dem Physiognomischen auch immaterielle Sachverhalte berücksichtigt werden müßten; so propagierte er die Entwicklung einer Kräftelehre und leistete erste Beiträge dazu. Außerdem wandte er sich gegen die Gleichmäßigkeit der Anwendung des Länderkundlichen Schemas: jeder Erdraum müsse entsprechend seinen dominanten Zügen dargestellt werden. Grundsätzlich behielt aber H. Spethmann die idiographische Position bei.

O. Schmieder hat in seiner dreibändigen Länderkunde der Neuen Welt der Zwischenkriegszeit (1932-1934), der er nach dem Zweiten Weltkrieg eine neue Auflage (1962-1965) und eine zweibändige Länderkunde großer Teile der Alten Welt (1965-1969) hinzufügte, die Berücksichtigung des Entwicklungsaspektes propagiert und selbst durchgeführt, und zwar in der Weise, daß er nach einer allgemeingeographischen Einleitung eine Abfolge von Kulturlandschaftszuständen beschrieb, von - in der Neuen Welt - der vorcolumbianischen Zeit, der Besiedlungsphase durch die Indianer, über die Phase der ersten Besiedlung durch Europäer bis hin zur Kulturlandschaft der Industriegesellschaft - soweit sie in der Neuen Welt zur Ausprägung gelangt ist. Dabei wurden Öffnungen zur Geschichtswissenschaft vollzogen. Aber auch O. Schmieder beharrte auf der idiographischen Grundposition der Länderkunde.

H. Lautensach, der nach eigenem Bekunden diese Auffassung teilte, entwickelte nach dem Zweiten Weltkrieg mit seiner Formenwandellehre Möglichkeiten, die nomothetisch/nomologische Richtung in die Länderkunde einzubauen.

| H. Lautensach: Der geographische Formenwandel; Colloquium Geographicum, Bd. 3; Bonn 1952 |

Mit der Unterscheidung eines gesetzmäßigen, nord-südlichen Formenwandels auf der Erdoberfläche (beispielsweise: Temperaturzunahme), eines west-östlichen Formenwandels (beispielsweise: Niederschlagszunahme), eines hypsometrischen, d.h. höhenmäßigen Formenwandels (beispielsweise: Temperaturabnahme mit zunehmender Höhe) und eines zentral-peripheren Formenwandels (beispielsweise: Kontinentalität im Innern und Ozeanität an den Küsten der Iberischen Halbinsel) methodisierte er die nomothetisch/nomologische Richtung der Erfassung erdräumlicher Gegebenheiten und entwickelte sie zur formelhaften Anwendung auf Regionen und Länder. Nur hat er selbst diesen Vollzug in seinen Länderkunden von Korea (1945) und der Iberischen Halbinsel (1964) nicht geleistet.

In Anbetracht der allgemeinen wissenschaftstheoretischen Fortschritte, die nach dem Zweiten Weltkrieg erzielt wurden und die auch das Fach Geographie erreichten (D. Bartels), überrascht es nicht, wenn mehr als zwei Jahrzehnte nach dem Zweiten Weltkrieg ältere Positionen des Faches, besonders in der Länderkunde, die zum guten Teil noch aus der Jahrhundertwende stammten, in Frage gestellt wurden. Die Forderung nach Abschaffung der Länderkunde richtete sich vor allem gegen die Darstellungsmethode des Länderkundlichen Schemas. Stark überzogen wurde gleich die Länderkunde insgesamt als trivial, pseudowissenschaftlich, von der Darstellung eines Gesamtzusammenhanges weit entfernt und bar jeder Theorie, die als notwendige Bedingung wissenschaftlichen Tuns anzusehen ist, verdammt (Berliner Geographiker, 1969).

Die Möglichkeit der Erfassung und Darstellung eines Gesamtzusammenhanges mit neuen Methoden, im Sinne eines systemorientierten Ansatzes im länderkundlichen Rahmen, wurde von diesen Kritikern nicht erwogen. Angesichts der überzogenen Forderung, die Länderkunde abzuschaffen, und nach der vorangegangenen negativen Beurteilung des Länderkundlichen Schemas fragt es sich, ob nicht ein positiver Katalog wichtiger Ziele, Methoden und Bedingungen länderkundlicher Darstellung entworfen werden kann. Er könnte etwa folgendermaßen aussehen:

Ausgangsüberlegung ist die Anerkennung der Tatsache, daß in den kleinen und großen Erdräumen Wirkungsgefüge, Geosysteme (Geophysio- und/oder Geosoziosysteme) bestehen. Darin herrscht zwischen älteren und jüngeren Fachvertretern der Geographie Übereinstimmung, wenn auch ältere Geographen den Begriff System noch nicht verwendeten.

Es sollte allerdings - trotz der Schwierigkeiten, Geosysteme, besonders Geosoziosysteme, zu erfassen und darzustellen - nicht die Flinte ins Korn geworfen und das als richtig erkannte Ziel aufgegeben werden, wie dies A. Hettner mit der Propagierung des Länderkundlichen Schemas getan hat. Vielmehr sollten alle Anstrengungen unternommen werden, Geosysteme, auch Geosoziosysteme, wenigstens in ihren qualitativen Verknüpfungen und Zusammenhängen zu erfassen und darzulegen.

Die Herausstellung der Beziehungen zwischen den (materiellen **und** immateriellen) Sachverhalten und die Kennzeichnung ihrer Bedeutung muß als oberstes Ziel länderkundlicher Darstellung angesehen werden. Nur so ist es möglich, aus der additiven Aufreihung der Sachverhalte auszubrechen und den alten enzyklopädischen Ansatz zu überwinden - jedenfalls, wenn es sich um wissenschaftliche Länderkunden handeln soll. Daß daneben auch geographische Nachschlagewerke der Öffentlichkeit von Nutzen sein können, bleibt unbestritten.

Des weiteren sind Anstrengungen zu unternehmen, den schon von H. Spethmann geforderten dynamischen Aspekt in der Länderkunde zu berücksichtigen. Das heißt: das Zusammenspiel der erdräumlichen, materiellen **und** immateriellen Sachverhalte ist einerseits kurzfristig, als Prozeß, andererseits langfristig, als Entwicklung, zu erfassen und darzulegen. Sicher stellen sich auf dem Weg zu diesem Ziel methodische Fragen, wie diese zwei Erscheinungsformen der zeitlichen Dimension am sinnvollsten vereinigt werden können.

Die bisherige Aufzählung von Bedingungen einer wissenschaftlichen Länderkunde macht deutlich, daß der physiognomische Aspekt nicht mehr als Richtschnur gelten kann; andererseits sollte man sich über die dingliche Erfüllung der Erdräume nicht hinwegsetzen. Die Lösung deutet sich nicht in einer Berücksichtigung der immateriellen Sachverhalte/Beziehungen/Normen/Motive/Wünsche **neben** den materiellen Sachverhalten an, sondern in dem Sinne, daß die dinglich erfüllte Landschaft oder das Land als Registrierplatte von Prozessen und Entwicklungen erfaßt und dargestellt wird.

Daß die kleinen und großen Erdräume nicht nur beschrieben - wobei möglichst exakte Beschreibung ein wünschenswertes Ziel ist -, sondern auch erklärt werden sollen, versteht sich im Rahmen einer wissenschaftlichen Länderkunde von selbst.

Die Zeiten der monodisziplinären Abkapselung der wissenschaftlichen Fächer scheinen ihrem Ende entgegenzugehen. So ist zu hoffen, daß die langsam zunehmende Tendenz zu interdisziplinärer Zusammenarbeit auch im Rahmen länderkundlicher Arbeit genutzt werden kann. Gerade das Fach Geographie kommt dieser Tendenz insofern organisatorisch entgegen, als es - beispielsweise in der Kulturgeographie - eben nicht einseitig **nur** demographisch oder **nur** ökonomisch oder **nur** soziologisch oder **nur** politologisch ausgerichtet ist, sondern daß alle diese Aspekte in interdisziplinärer Zusammenarbeit abwägend berücksichtigt werden können. Allerdings stellen sich auch in diesem Zusammenhang methodische Probleme der Bewältigung und Verknüpfung der Teildisziplinen der Physischen Geographie **und** ihrer Mutter- bzw. Nachbarwissenschaften **und** der Teildisziplinen der Kulturgeographie und ihrer Mutter- bzw. Nachbarwissenschaften; die Gefahr einer polyhistorischen Ausuferung ist nicht zu unterschätzen.

Schließlich sollte eine wissenschaftliche Länderkunde auch folgende Bedingung erfüllen: die W. Windelband'sche Alternative (nomothetisch/nomologisch-idiographisch) ist nicht in dem Sinne auf die Geographie zu übertragen, daß die allgemeine (Physische und Kultur-)Geographie als nomothetisch/nomologisch, die Länderkunde als idiographisch eingestuft wird. Wissenschaftliche Länderkunden sollten sich nicht darauf spezialisieren, nur die individuellen Züge der Erdräume herauszustellen, sondern die Geosysteme der Erde sowohl in ihren allgemeinen Regelhaftigkeiten, also nomothetisch/nomologisch, als auch in ihren individuellen Zügen, also idiographisch, gleichzeitig zu erfassen und darzustellen, und zwar derart, daß die individuellen Züge als die Abweichungen von den allgemeinen Regelhaftigkeiten erscheinen. Dazu stehen zahlreiche Modelle sowie (weiche und harte) Theorien zur Verfügung; sie sind es, die die Beurteilungsmaßstäbe liefern, um zu der so wünschenswerten Bedeutungsklärung der Sachverhalte im größeren Rahmen zu gelangen.

Fragt man, ob die auf dem 37. Deutschen Geographentag in Kiel 1969 gestellte Forderung nach Abschaffung der Länderkunde erfüllt wurde, so ist mit einem klaren Nein zu antworten. Seitdem sind so viele Länderkunden erschienen, daß sie hier nicht genannt werden können; stattdessen muß die Aufzählung länderkundlicher Veröffentlichungsreihen genügen.

Als umfangreichste Reihe ist die der "Wissenschaftlichen Länderkunden" in der Wissenschaftlichen Buchgesellschaft, Darmstadt, zu nennen; 25 Länderkunden liegen vor, zahlreiche weitere sind angekündigt. Noch Jahre nach dem Kieler Geographentag sind in dieser Reihe Länderkunden erschienen, die sich als Nachschlagewerke verstehen, das Länderkundliche Schema als Darstellungsmethode bewußt gewählt haben und es in ihrem Vorwort propagieren.

In der Reihe der "Länderprofile" des Klett-Verlages, Stuttgart, wurden 22 Länderkunden, jeweils begrenzten Umfanges, veröffentlicht, die bestrebt sind, durch ausgewählte Aspekte ein länderkundliches Überblicksbild entstehen zu lassen.

Der Fischer-Verlag, Frankfurt am Main, hat eine Folge von Taschenbüchern herausgebracht, in denen Teilräume der Erde, meist Kontinente bzw. Kulturerdteile, dargestellt werden.

In der Reihe der Universitätstaschenbücher, ein Zusammenschluß mehrerer Verlage, sind etliche Länderkunden über kleinere und größere Erdräume erschienen.

Der H. Erdmann-Verlag, Tübingen, Basel, hat vor allem Länderkunden über Länder des Orients herausgebracht.

Der P. List-Verlag, München, veröffentlichte als Lehrerhandbücher gedachte Länderkunden über alle Kontinente.

Daneben gibt es länderkundliche Nachschlagewerke und populärwissenschaftliche Länderkunden des Bibliographischen Instituts, Mannheim, Wien, Zürich, und des Bertelsmann-Verlages, Gütersloh.

Außerdem sind zahlreiche einzelne Länderkunden in verschiedenen Verlagen, darunter bei G. Westermann, Braunschweig, erschienen.

Darüber hinaus haben andere Verlage, beispielsweise C.H. Beck, München, nicht unbedingt geographisch zu nennende Länderkunden herausgebracht, die über Politik, Recht, Gesellschaft, Kultur (Musik, Theater, Kunst) und andere Aspekte von

Ländern und Staaten, weniger über natur- und kulturlandschaftliche, ein größeres Publikum informieren sollen.

Die Länderkunde im Fach Geographie ist nicht dabei auszusterben, weder was Veröffentlichungen noch regionalgeographische Lehrveranstaltungen der Hochschulen angeht; doch müssen verstärkte Anstrengungen zur Anhebung auf ein angemessenes, zeitgemäßes Niveau von Wissenschaftlichkeit unternommen werden.

Nun ist Länderkunde nicht nur eine Angelegenheit von Fachwissenschaftlern für Fachwissenschaftler; man darf davon ausgehen, daß verschiedene Teile der Öffentlichkeit aus unterschiedlichen Gründen an Länderkunde interessiert sind. Studenten, Lehrer, Wirtschaftler, Politiker, Touristen, auch die Medien kommen als Adressaten in Frage.

Wenn man Wissenschaft nicht von einem l'art pour l'art-Standpunkt aus betreibt, sondern anerkennt, daß Wissenschaft eine gewisse Verpflichtung der Öffentlichkeit gegenüber hat, sollte man sich bei der Länderkunde um mehr gesellschaftliche Relevanz bemühen (R. Stewig). Allerdings ist gesellschaftliche Relevanz ein weiter und schwammiger Begriff, und es stellt sich die Frage, was damit gemeint ist und wie eine Steigerung der gesellschaftlichen Relevanz der Länderkunde zu erzielen wäre. Bei wissenschaftlichen Länderkunden kann eine Niveausenkung nicht angestrebt werden.

Eine Steigerung der gesellschaftlichen Relevanz der Länderkunde wäre denkbar durch ein explizites Eingehen auf die Entwicklungsproblematik. Es wird zwar der Begriff Entwicklungsproblematik in erster Linie mit Entwicklungsländern in Verbindung gebracht, grundsätzlich vollzieht sich aber Entwicklung, gemeint ist gesellschaftliche Entwicklung, nicht weniger in Industrieländern. Ein Eingehen auf die Entwicklungsproblematik im länderkundlichen Rahmen würde nicht nur zur Berücksichtigung des langfristigen Entwicklungsaspektes (in Industrie- und Entwicklungsländern) führen, sondern auch zu einem strukturierenden, durchgängigen Gesichtspunkt, der viele Teilaspekte integrieren kann; darüber hinaus verhilft das Thema Entwicklungsproblematik zu der wünschenswerten, zusammenfassenden Beurteilung des Entwicklungsstandes eines Erdraumes oder Landes im größeren Vergleich mit anderen Ländern.

Der Begriff Entwicklungsproblematik ist allerdings nicht weniger vage als der Begriff gesellschaftliche Relevanz. Zur gesellschaftlichen Relevanz gehört, daß es sich im wissenschaftlichen Rahmen nicht um triviale (Forschungs-)Fragestellungen handeln darf, sondern um für die Gesellschaft wichtige. Allerdings stellt sich sofort die weitere Frage, wer darüber entscheiden soll, was wichtig ist - die Politiker oder die Gewerkschafter oder andere gesellschaftliche Gruppen?

Es dürfte jedoch Einigkeit darüber bestehen, daß die Entwicklungsproblematik (von Industrie- und Entwicklungsländern) als bedeutsame, weit ausgreifende und integrative Fragestellung anzusehen ist. Angesichts des in vielen wissenschaftlichen Disziplinen angesiedelten Themas Evolution entbehrt sie nicht der wissenschaftlichen Grundlage, ragt aber bis in den allgemeinen gesellschaftlichen Kontext hinein.

D. Nohlen, F. Nuscheler (Hrsg.): Handbuch der Dritten Welt; 4 Bde; 1. Auflage Hamburg 1974-1978 und weitere Auflagen
Bd. 1: Theorien und Indikatoren von Unterentwicklung und Entwicklung; 1974
Bd. 2 (bestehend aus zwei Halbbänden): Unterentwicklung und Entwicklung in Afrika; 1976
Bd. 3: Unterentwicklung und Entwicklung in Lateinamerika; 1976

Bd. 4 (bestehend aus zwei Halbbänden): Unterentwicklung und Entwicklung in Asien; 1978

B. Fritsch (Hrsg.): Entwicklungsländer (Neue Wissenschaftliche Bibliothek); Köln, Berlin 1968

C. Troll: Die räumliche Differenzierung der Entwicklungsländer in ihrer Bedeutung für die Entwicklungshilfe; Erdkundliches Wissen, Heft 13, Wiesbaden 1966

F. Scholz (Hrsg.): Entwicklungsländer. Beiträge der Geographie zur Entwicklungsforschung; Wege der Forschung, Bd. 553; Darmstadt 1985

Beim Thema Entwicklungsproblematik sind mindestens zwei große Bereiche zu unterscheiden, der Bereich Entwicklungspolitik und der Bereich Entwicklungsanalyse, von denen einer, der letztgenannte, im länderkundlichen Rahmen besondere Bedeutung erlangt. Deshalb wird auf den Bereich der Entwicklungspolitik nur andeutend eingegangen.

In der Entwicklungspolitik geht es einerseits um die Festlegung und Diskussion von Entwicklungszielen, andererseits um Entwicklungsstrategien - auch Strategietheorien genannt - zur Erreichung der gesetzten Ziele.

Handelt es sich um relativ einfache Ziele, wie beispielsweise die Beseitigung von Hunger nach Naturkatastrophen in der Sahel-Zone oder den Abbau des Analphabetismus in Entwicklungsländern mit stark zunehmender Bevölkerung, dann sind die Mittel zur Erreichung dieser Ziele relativ leicht zu benennen. Sie lauten: karitative Lebensmittelhilfe bzw. Einrichtung von Schulen. Aber selbst bei so einfachen Strategien erheben sich Fragen: wie kann - nach schneller, unmittelbarer Hilfe - langfristig eine ausreichende Versorgung mit Nahrungsmitteln sichergestellt werden; karitative Nothilfe regt nicht zur Eigeninitiative an. Was die Errichtung von Schulen betrifft, so stellt sich - von der Finanzierung und dem Vorhandensein von Lehrern abgesehen - die Frage, ob die Verhaltensweisen der Eltern sich so weit ändern, daß die Möglichkeiten des Schulbesuchs überhaupt angenommen, die Kinder nicht mehr - wie traditionell üblich - zum Broterwerb eingesetzt werden.

Noch schwieriger wird es, die richtigen Strategien zu wählen, wenn komplexe Entwicklungsziele wie wirtschaftliches Wachstum, Arbeit und Beschäftigung, soziale Gerechtigkeit, Partizipation, politische und wirtschaftliche Unabhängigkeit (D. Nohlen, F. Nuscheler, 1974, Bd. 1) angestrebt werden, von so pauschalen Entwicklungszielen wie Verbesserung der Lebensbedingungen aller Menschen ganz zu schweigen.

Dabei kommen Strategietheorien - auf der wissenschaftlichen Ebene - ins Spiel.

V. Timmermann: Entwicklungstheorie und Entwicklungspolitik; Göttingen 1982

Es trägt sich, welche Wirtschaftssektoren vorrangig gefördert werden sollen, der primäre Sektor, die Landwirtschaft, oder der sekundäre Sektor, die Industrie. Theorien gleichgewichtigen (P.N. Rosenstein-Rodan; R. Nurkse) und ungleichgewichtigen (A.O. Hirschmann) Wachstums stehen sich gegenüber. Auch Konzentration der Wirtschaft auf räumliche Gegenpole zu bereits eingeleitetem Wirtschaftswachstum in vorhandenen Polen wird von Strategietheorien empfohlen (F. Perroux).

Bei der Entwicklungsanalyse, ohne die auch die Entwicklungspolitik nicht auskommt und die sich voll in den länderkundlichen Rahmen integrieren ließe, geht es einerseits um Beschreibung (und Messung), andererseits um Erklärung von Entwicklung, und zwar sowohl als langfristigen Prozeß als auch beim jeweils erreichten Entwicklungsstand.

Nun gibt es innerhalb und außerhalb des Faches Geographie erfolgreiche Bemühungen, den Entwicklungsstand von Ländern quantitativ, qualitativ und im Vergleich zu erfassen. Dies geschieht überwiegend mittels der Indikatormethode, d.h. **ein** Sachverhalt - das ist der eine Weg - wird ausgewählt und als (Gesamt-)Ausdruck für den Entwicklungsstand des Landes gesehen. Zu diesem Zweck hat man verschiedene Sachverhalte herausgegriffen: das Bruttosozialprodukt, also die Summe des Wertes aller produzierten Waren und Dienstleistungen (pro Kopf der Bevölkerung), oder den Ernährungszustand, also den quantitativen bis qualitativen Unter- bis Überernährungsstandard, oder den Bevölkerungsstand, ausgedrückt durch die Relation von Geburtenrate zu Sterberate, oder den Gesundheitszustand, quantifiziert durch die Anzahl der Ärzte pro 1000 Einwohner, etc. Auf diese Weise erhält man Zahlenwerte, die - im Vergleich der Länder untereinander - zu einer höheren oder tieferen Einstufung eines Landes führen. Im weitgefaßten Vergleich gelangt man zu einer Klassifikation der Länder der Erde nach ihrem Entwicklungsstand, wobei Gruppen/Klassen von Ländern gebildet und mit Stadien wirtschaftlicher/gesellschaftlicher Entwicklung, z.B. von W.W. Rostow, parallelisiert werden.

Abgesehen von den unterschiedlichen Methoden der Datenermittlung in den verschiedenen Ländern, die eine Vergleichbarkeit der Daten in einigem Umfang in Frage stellen, wird bei Herausgreifen nur **eines** Sachverhaltes dieser Indikator in seinem Aussagewert überstrapaziert; unter Umständen erscheint, wenn man nur das Bruttosozialprodukt, z.B. bei Erdöl produzierenden Ländern, verwendet, der Entwicklungsstand höher als er der gesellschaftlichen Wirklichkeit entspricht.

So greift man - als zweiten Weg der Indikatormethode - eine Mehrzahl, oft eine Vielzahl von Sachverhalten heraus und wertet ihre Kombination als Indikator des Entwicklungsstandes. Es gibt umfangreiche Indikatorenlisten, insbesondere durch die Uno-Statistiken, mit Hunderten von Indikatoren (D. Nohlen, F. Nuscheler, 1974, Bd. 1).

Um diese vielen Sachverhalte - durch ihre Vielzahl erhöht sich das Problem der Vergleichbarkeit aufgrund unterschiedlicher Ermittlungsmethoden in den einzelnen Ländern - auf einen gemeinsamen Nenner zu bringen, werden sie mathematisch-statistischen Verfahren unterworfen und dabei gewichtet, d.h. unter Multiplikation mit einem selbstgewählten Faktor werden Schwerpunkte gesetzt. Abgesehen davon, daß mit der Gewichtung ein gewisses subjektives Element hineinkommt, das aber innerhalb eines Auswertungsverfahrens gleichmäßig angewendet wird, erhält man einen - wenig anschaulichen - Zahlenwert für den Entwicklungsstand eines Landes. Im Vergleich ist wiederum eine Klassifikation der Länder der Erde nach ihrem Entwicklungsstand und eine Parallelisierung mit Stadien wirtschaftlicher/gesellschaftlicher Entwicklung möglich.

P. Bratzel, H. Müller: Regionalisierung der Erde nach dem Entwicklungsstand der Länder; in: Geographische Rundschau, 31. Jg., Braunschweig 1979, S. 131-137

E. Giese: Klassifikation der Länder der Erde nach ihrem Entwicklungsstand; in: Geographische Rundschau, 37. Jg., Braunschweig 1985, S. 164-175

Im länderkundlichen Rahmen ist die skizzierte Methode ein sinnvoller Weg, um - als zusammenfassende, kurze Beschreibung - etwa am Schluß die Position eines Landes im Vergleich mit anderen Ländern beurteilend zum Ausdruck zu bringen. Es handelt sich dabei um die Kennzeichnung des erreichten Entwicklungsstandes zu einem Zeitpunkt, nicht um die Beschreibung des (langfristigen) Entwicklungsprozesses, der im länderkundlichen Rahmen nicht unberücksichtigt bleiben sollte.

Bei Länderkunden nach dem Länderkundlichen Schema ist der Entwicklungsaspekt - wenn überhaupt berücksichtigt - bisweilen nach Art historisch-epochaler Überblicke - Altertum, Mittelalter, Neuzeit - gestaltet; die Darlegung des Zusammenspiels unterschiedlicher Sachverhalte steht meist dahin.

Von Nachbarfächern her bieten sich, von historisch-ökonomischer Seite, systematisierende Wirtschaftsstufentheorien zur Beschreibung von Entwicklung an, wie die von B. Hildebrand (1812-1878) - Naturalwirtschaft, Geldwirtschaft, Kreditwirtschaft - oder K. Bücher (1847-1930) - Hauswirtschaft, Stadtwirtschaft, Volkswirtschaft (- Weltwirtschaft). In neuerer Zeit hat die Stadienlehre von W.W. Rostow weite Verbreitung erfahren; sie faßt die präindustrielle Entwicklung in einer Stufe zusammen, untergliedert die industrielle Entwicklung mehrfach (traditional society, pre-conditions for take-off, take-off, drive to maturity, high mass consumption). Was die Quantifizierung der für die einzelnen Phasen des Entwicklungsprozesses typischen Sachverhalte betrifft, tun sich alle Wirtschaftsstufentheorien und Stadienlehren wirtschaftlicher Entwicklung - notgedrungen - schwer.

Von soziologischer Seite hat der gesellschaftliche Entwicklungsprozeß ebenfalls Aufmerksamkeit erfahren, unter Betonung der die Soziologen interessierenden Sachverhalte. Die Darstellung läuft auf das, was man zusammenfassend als Modernisierungstheorie bezeichnet, hinaus.

| P. Flora: Modernisierungsforschung. Zur empirischen Analyse gesellschaftlicher Entwicklung; Opladen 1974 |

Auch bei der Modernisierungstheorie ergeben sich nicht wenig Schwierigkeiten, was ihre quantitative Ausprägung angeht.

Im Fach Geographie bietet sich im länderkundlichen Rahmen als Leitlinie zur Darstellung des Entwicklungsprozesses - weil ökonomische und soziale Sachverhalte übergreifend berücksichtigt werden - die Theorie gesellschaftlicher Entwicklung/Entfaltung von H. Bobek zur Anwendung auf Erdräume an (Wildbeuterstufe; Stufe der spezialisierten Sammler, Jäger, Fischer; Stufe des Sippenbauerntums; Stufe der herrschaftlich organisierten Agrargesellschaft mit dem älteren Städtewesen; Stufe der industriellen Gesellschaft mit dem jüngeren Städtewesen).

Die H. Bobek'sche Theorie differenziert weitgehend den gesellschaftlichen Entwicklungsprozeß der präindustriellen Zeit; den Umständen entsprechend sind für diese Zeit wenig quantitative Aussagen möglich.

Nun interessiert im Rahmen länderkundlicher Darstellung die neuere Zeit, bei den Industrieländern die Phase industriegesellschaftlicher Entwicklung, besonders. Hier offeriert sich wiederum die übergreifende, Nachbarfächer der Geographie einbeziehende Theorie gesellschaftlicher Entwicklung als Leitlinie länderkundlicher Darstellung des Entwicklungsprozesses, die sich aus mehreren, schon zuvor aufgezählten Subtheorien zusammensetzt:

- für die demographische Entwicklung die Theorie der demographischen Transformation/das Modell des demographischen Übergangs im Sinne von G. Mackenroth;

- für die Mobilitätsentwicklung die Theorie der Mobilitätstransformation im Sinne von W. Zelinsky;

- für die ökonomische Entwicklung die Theorie der Transformation der Wirtschaftssektoren im Sinne von J. Fourastié;

- für die sozialstrukturelle Entwicklung die Theorie der sozialen Transformation im Sinne von H. Schelsky;
- für die siedlungsstrukturelle Entwicklung die Theorie der siedlungsstrukturellen Transformation/Verstädterung.

Diese Theorien bieten den Vorteil quantitativer Aussagen, meist über einen längeren Zeitraum: die Entwicklung von Geburten- und Sterberate, die Entwicklung der Anteile der im primären, sekundären und tertiären Sektor Beschäftigten, die Entwicklung der Anteile der Angehörigen der Unter-, Mittel- und Oberschicht, die Entwicklung der Anteile der im ländlichen und im städtischen Raum lebenden Bevölkerung. Ihre Durchschnittswerte dienen als Maßstäbe zur Beurteilung sowohl der Abweichungen einzelner Länder von als auch ihrer Übereinstimmungen mit den Regelhaftigkeiten der allgemeinen Entwicklung; quantitative Angaben der Abweichungen sind vielfach möglich; die Aussagen bleiben anschaulich.

Nun mag man dagegen einwenden, daß auf diese Weise ein neuer Schematismus geschaffen wird. Um der Vergleichbarkeit und der Generalität der Aussage willen ist ein gewisser Schematismus unverzichtbar. Jedoch bieten sich zahlreiche Möglichkeiten der Abwandlung und Ergänzung, in Anpassung an die jeweilige Datenlage. So können - innerhalb des Rahmens der verschiedenen Subtheorien - Aspekte wie die folgenden berücksichtigt werden:

- der Wandel der Großfamilie zur Klein- und Kernfamilie in Abhängigkeit von der ländlichen bzw. städtischen Siedlungsform;
- die Veränderung der Haushaltsgröße und -zusammensetzung, bedingt durch unterschiedliche Wohnweisen;
- die durch die Zunahme des Volkseinkommens pro Kopf der Bevölkerung (Kaufkraft) verursachte, zunehmende Dispositionsfreiheit bei der Verwendung der Einkommen;
- die Veränderung des Zeitbudgets des Menschen, die Abnahme der Arbeits- und die Zunahme der Freizeit und die damit verknüpften Auswirkungen;
- der Wandel typischer Stadtstrukturen im Laufe industriegesellschaftlicher Entwicklung, aufgezeigt durch verschiedene Stadtstrukturmodelle;
- die mit den aufgezählten Sachverhalten verbundenen Änderungen der Verhaltensweisen, des generativen Verhaltens, des Arbeits-, Wohn-, Einkaufs-, Freizeitverhaltens als Bedingungen erdräumlicher, auch physiognomisch faßbarer Veränderungen.

Zahlreiche weitere Aspekte zur Beschreibung des Entwicklungsprozesses sind denkbar.

Durch den Vergleich der Entwicklungsvorgänge verschiedener Länder ist eine Klassifikation der Länder der Erde ebenfalls möglich, wenn auch bisher kaum durchgeführt; dazu fehlt es an Voraussetzungen der Präzisierung, Synchronisierung, Parallelisierung und Systematisierung der Querbezüge, der Verlaufskurven und Phaseneinteilungen der Teilphänomene des gesellschaftlichen Entwicklungsprozesses.

Schließlich zum Aspekt der Erklärung von Entwicklung im Rahmen der Entwicklungsanalyse, und zwar was den Entwicklungsstand und den Entwicklungsvorgang angeht.

Der innerhalb und außerhalb des Faches Geographie verbreitete Ansatz ist der der Anwendung von Erklärungstheorien.

M. Bohnet: Die Entwicklungstheorien - ein Überblick; in: M. Bohnet (Hrsg.): Das Nord-Süd-Problem. Konflikte zwischen Industrie- und Entwicklungsländern, 2. Auflage München 1971, S. 49-64

P. Bratzel: Theorien der Unterentwicklung. Eine Zusammenfassung verschiedener Ansätze zur Erklärung des gegenwärtigen Entwicklungsstandes unterentwickelter Regionen mit einer ausführlichen Literaturliste; Karlsruher Manuskripte zur Mathematischen und Theoretischen Wirtschafts- und Sozialgeographie, Heft Nr. 17; Karlsruhe 1976 (Nachdruck Karlsruhe 1978)

Vielfach besteht die Tendenz, den jeweils - auf der Ebene der Beschreibung (und Klassifizierung) - ermittelten Entwicklungsstand mit Hilfe von nur **einer** Theorie zu erklären.

Verschiedene Gruppen von Erklärungstheorien können unterschieden werden.

Es gibt die Gruppe der Klimatheorien, besser Theorien, die den Unterentwicklungsstand auf ungünstige naturräumliche Verhältnisse zurückführen. Auf den ersten Blick spricht einiges für diese Auffassung, liegen doch die Entwicklungsländer Afrikas, Asiens und Lateinamerikas nicht in den gemäßigten Breiten wie die meisten Industrieländer, sondern in den durch übergroße Trockenheit oder Feuchtigkeit und/oder hohe Temperaturen geprägten Erdräumen. Es wäre jedoch vorschnell, Unterentwicklung **allein** auf diese Sachverhalte zurückzuführen.

Eine andere Gruppe von Erklärungstheorien, die demographischen, wollen den Unterentwicklungsstand durch übermäßige Bevölkerungszunahme verursacht sehen. Augenscheinlich nimmt in vielen Entwicklungsländern die Bevölkerung so stark zu, daß selbst ein steigendes Bruttosozialprodukt - auf immer mehr Köpfe (statistisch) verteilt - kein Garant für wirtschaftliches Wachstum ist. Es wäre ebenso vorschnell, Unterentwicklung **allein** auf diesen Umstand zurückzuführen.

Wieder eine andere, große Gruppe von erklärenden Entwicklungstheorien stellen die ökonomischen dar. Dazu gehören die marxistisch orientierten; sie erklären den Zustand der Unterentwicklung mit der (angeblichen oder tatsächlichen) Ausbeutung der Entwicklungsländer durch die Industrieländer; sie beantworten jedoch nicht die Frage, wie Industrieländer ohne kolonialen Besitz, z.B. die Schweiz, zu Industrieländern geworden sind; daß Ausbeutung eine Rolle gespielt hat, soll nicht geleugnet werden; jedoch läßt marxistische Entwicklungstheorie das Vorhandensein von entwicklungshemmenden, endogenen Faktoren in den Entwicklungsländern zu stark außer acht.

Andere ökonomische Entwicklungstheorien formulieren sich als Dualismentheorien. Sie führen Unterentwicklung auf unverbundenes Nebeneinander von traditionellen, präindustriellen, einheimischen Wirtschaftsstrukturen und modernen, industriellen, ausländischen, besonders in ehemaligen Kolonialländern, zurück. Die **alleinige** Ursache für Unterentwicklung is Dualismus nicht.

Soziologische Entwicklungstheorien erkennen das vielfache Vorhandensein von entwicklungshemmenden, einheimischen sozialen Gegebenheiten der Entwicklungsländer an, das in der Segmentierung der Gesellschaft (R. König), ihrer oft traditionellen Stammesstruktur, und der fehlenden vertikalen Mobilität, der Zementierung von Eliten, besteht, die durch formale Zugehörigkeit, nicht durch funktionale Leistung bestimmt werden. Aber auch gesellschaftliche Segmentiertheit kann - **allein** - Unterentwicklung nicht erklären.

Sozialpsychologische Entwicklungstheorien wollen den (Unter-)Entwicklungsstand eines Landes durch eine spezifische Einstellung seiner Menschen zur Arbeit, besonders zur Handarbeit, erklären, die - verglichen mit Normen in den Industrieländern - negativ bewertet wird.

Alle diese Erklärungsversuche sind, wenn sie isoliert verfolgt werden, zu einseitig. Was die Segmentierung der Gesellschaft in Entwicklungsländern angeht, so gibt es Länder mit Sondergruppen (die Parsen in Indien, die Araber und Inder in Ostafrika, die Chinesen in Südostasien), die als Katalysatoren wirtschaftlicher Aufwärtsentwicklung wirken. Die traditionell positive Einstellung zur Arbeit ist in manchen Industrieländern in der letzten Zeit ins Wanken geraten.

Was die Erklärung des Entwicklungsprozesses als langfristigen Vorgang angeht, so kann sie nur Schritt für Schritt im Rahmen der Erfassung, Beschreibung und eventuellen Messung der einzelnen Phänomene des Entwicklungsprozesses und des Zusammenspiels seiner materiellen und immateriellen Sachverhalte erfolgen.

Wenn in den vorangegangenen Ausführungen der Partialcharakter der gängigen Erklärungstheorien von Entwicklung/Unterentwicklung, die sich von der Sicht jeweils nur **einer** wissenschaftlichen Disziplin leiten lassen, betont wurde, so muß abschließend erneut herausgestellt werden, daß eine Erklärung von Entwicklung/ Unterentwicklung nur im interdisziplinären Bemühen zahlreicher Disziplinen und unter Abwägung des Zusammenspiels natürlicher, demographischer, ökonomischer, sozialer, psychologischer, endogener und exogener Faktoren gefunden werden kann. Dafür ist das Fach Geographie von seinem Verständnis der Erdräume als Wirkungsgefüge/Geosysteme und seinem Ziel, die Wirklichkeit der Erdräume übergreifend zu erforschen und darzustellen, gerade auch im länderkundlichen Rahmen, besonders geeignet.

Nachwort

Die vorangegangenen Ausführungen richten sich vor allem an die Leser, die nicht - oder noch nicht - mit der Geographie als wissenschaftlichem Fach vertraut sind, die insbesondere Schwierigkeiten bei der Beantwortung der Frage haben, was denn die Geographie überhaupt erforscht und lehrt.

Für den ausgebildeten Geographen seien einige Gesichtspunkte hervorgehoben, die mehr zwischen als in den Zeilen stehen.

Die bisher einzige, kurzgefaßte, moderne Einführung in die Geographie ist die von H. Leser ("Geographie", in der Reihe: Das Geographische Seminar). Entsprechend der Vertrautheit von H. Leser mit der Physischen Geographie betont er die naturwissenschaftliche Seite des Faches, während andere Aspekte kurz, zu kurz, behandelt werden. Angesichts dieser Tatsache wurde vom Verfasser der vorliegenden Veröffentlichung, der sich als Kulturgeograph versteht, bewußt gerade die sozial- und geisteswissenschaftlichen Aspekte herausgestellt, die bei H. Leser zurückstehen; dabei wurden auch die Einbettung der Kulturgeographie in die Gesamtheit des Faches und die Zusammenhänge mit dem naturwissenschaftlichen Ansatz berücksichtigt.

Der Verfasser ist nicht der Auffassung, daß - im Fach Geographie - die Naturwissenschaften als **die** Wissenschaft schlechthin anzusehen sind, sondern daß - entsprechend den unterschiedlichen, materiellen und immateriellen Sachverhalten, die in den kleinen und großen Erdräumen nun einmal bestehen - eine sinnvolle, arbeitsteilige Kooperation von Natur- **und** Kulturwissenschaften innerhalb des Faches Geographie anzustreben ist.

Dereinst wird das vorläufig nur am Objekt selbst, bei der Erforschung und Darstellung kleiner und großer Erdräume, durch Anwendung natur- und kulturwissenschaftlicher Methoden, zu bewältigende Problem der Synthetisierung heterogener Betrachtungsweisen vielleicht auch theoretisch bewältigt werden können. Besonders die Harmonisierung der Zielvorstellungen der Naturwissenschaften, das Allgemeine, und der Kulturwissenschaften, das Besondere zu erfassen und zu erklären, bereitet Schwierigkeiten.

In der Kulturgeographie ist das nach dem Ende des Zweiten Weltkrieges Neue die verstärkte Hinwendung zum Menschen, und zwar über die traditionelle Beschäftigung mit seinen in den Kulturlandschaften optisch wahrnehmbaren, dinglichen Werken hinaus die Erfassung und Erklärung seiner Verhaltensweisen. Sie sind die physischen Manifestationen des von der modernen Soziologie (T. Parsons) als handelndes Wesen konzipierten Menschen. Diese Verhaltensweisen sind in hohem Maße durch die Bewußtseinsinhalte bedingt, die Normen, Werte, Kenntnisse, die rationalen, irrationalen und emotionalen Motive. Daraus ergibt sich, daß man - was bisher in der Sozialgeographie unberücksichtigt geblieben ist - auch auf die Rahmenbedingungen der geistigen Existenz, die entsprechenden anthropologischen Bestimmtheiten des Menschen, seine Prägungen und Bedürfnisse, eben die Bewußtseinsinhalte, einzugehen hat. Dies ist in dieser Einführung versucht worden.

In verschiedenen wissenschaftstheoretischen Veröffentlichungen der Fächer Philosophie und Soziologie (in der UTB-Reihe) ist die grundlegende geisteswissenschaftliche Methode mit dem Begriff des "Verstehens" gleichgesetzt und dieser Begriff - einseitig - entweder im Sinne von H.G. Gadamer **oder** von W. Dilthey **oder** anderen ausgelegt worden. In der vorliegenden Veröffentlichung wurde - mit W.J. Mommsen, von theoretisch-historischer Seite - bewußt eine Vielzahl von Bedeutungen des Begriffes "Verstehen" präsentiert, die sicherlich die geisteswissenschaftliche Position innerhalb des Faches Geographie nicht leichter machen. Mit der modernen Hinwendung der Kulturgeographie zu Lebenswelten, zum Heimat-Phänomen, zur menschlichen Territorialität, zur Sinn-Problematik des Menschen in der Industriegesellschaft, kann gerade eine vertiefte geisteswissenschaftliche Komponente, mit einem vielfältigen Begriff des "Verstehens", hilfreich sein.

Über die Anwendung mathematisch-statistischer Verfahren in einer quantitativ ausgerichteten nicht nur natur-, sondern auch sozialwissenschaftlichen Geographie bzw. Kulturgeographie gibt es zahlreiche Veröffentlichungen, denen keine weitere hinzugefügt werden sollte.

Im argen liegt es in dem traditionell so empirisch orientierten Fach Geographie mit der Abtragung des langanhaltenden Theoriedefizits in mehrfacher Weise, und zwar einerseits in wissenschaftstheoretischer Hinsicht. Gerade in einem Fach wie der Geographie, das sich mit so heterogenen Sachverhalten der Erdräume, materiellen und immateriellen Gegenständen und ihrem komplizierten Zusammenspiel, beschäftigt, ist die wissenschaftstheoretische Problematisierung seiner Methoden - wenn schon keine Lösungen angeboten werden können - notwendig. Auch darum ging es in der vorliegenden Einführung. Andererseits liefen nicht wenige Bemühungen auf eine Veranschaulichung der heuristischen Funktion von Theorien unterschiedlichen Niveaus auch im Fach Geographie hinaus.

Summary

On the relations of geography to reality and to the arts and sciences. An introduction.

In Germany the general public is fairly innocent of what geographers do and think; a survey is given of physical, human and regional geography, based on a comparative analysis of textbooks on various sections of physical and human geography in the German language.

At the beginning the positon of geography as a science is being determined. The common bond of geographers is held to be the empiric interest in small and large regions of the earth; interest in theories for their better understanding is much favoured.

The reality of regions is conceived as systems, i.e. complicated material and immaterial interactions in evolution. However, system theory is observed to be applicable on a quantitative basis mainly with physical geography. The level of advancement and application of system theory in geography is used as a scale of evaluation of the textbooks.

The traditional division of arts and sciences is not followed. Instead, a tripartite approch is preferred: natural sciences for physical geography and related subjects, social sciences and arts for human geography and related subjects.

The degree of interdisciplinary opening of the various sections of physical and human geography is also adopted as a scale of evaluation.

The distinction and combination of social sciences and arts allows for the use of quantitative methods and system theory in human geography to a justifiable extent, and permits as well the use of qualitative and interpretative methods of understanding in human geography.

The tripartite approach is better suited to the different qualities and entities of the reality of earthly regions: physical matter, abstract spirit and the combination of both, human beings and their behaviour.

However, the problem of doing justice to both, the general and the particular, which are at the same time present in the reality of earthly regions, i.e. the combinations of the monothetic and the ideographic approach, remains to be solved on the level of sciences and/or arts, expressively when applied to regional geography.

Band IX
*Heft 1 S c o f i e l d, Edna: Landschaften am Kurischen Haff. 1938.

*Heft 2 F r o m m e, Karl: Die nordgermanische Kolonisation im atlantisch-polaren Raum. Studien zur Frage der nördlichen Siedlungsgrenze in Norwegen und Island. 1938.

*Heft 3 S c h i l l i n g, Elisabeth: Die schwimmenden Gärten von Xochimilco. Ein einzigartiges Beispiel altindianischer Landgewinnung in Mexiko. 1939.

*Heft 4 W e n z e l, Hermann: Landschaftsentwicklung im Spiegel der Flurnamen. Arbeitsergebnisse aus der mittelschleswiger Geest. 1939.

*Heft 5 R i e g e r, Georg: Auswirkungen der Gründerzeit im Landschaftsbild der norderdithmarscher Geest. 1939.

Band X
*Heft 1 W o l f, Albert: Kolonisation der Finnen an der Nordgrenze ihres Lebensraumes. 1939.

*Heft 2 G o o ß, Irmgard: Die Moorkolonien im Eidergebiet. Kulturelle Angleichung eines Ödlandes an die umgebende Geest. 1940.

*Heft 3 M a u, Lotte: Stockholm. Planung und Gestaltung der schwedischen Hauptstadt. 1940.

*Heft 4 R i e s e, Gertrud: Märkte und Stadtentwiklung am nordfriesichen Geestrand. 1940.

Band XI
*Heft 1 W i l h e l m y, Herbert: Die deutschen Siedlungen in Mittelparaguay. 1941.

*Heft 2 K o e p p e n, Dorothea: Der Agro Pontino-Romano. Eine moderne Kulturlandschaft. 1941.

*Heft 3 P r ü g e l, Heinrich: Die Sturmflutschäden an der schleswig-holsteinischen Westküste in ihrer meteorologischen und morphologischen Abhängigkeit. 1942.

*Heft 4 I s e r n h a g e n, Catharina: Totternhoe. Das Flurbild eines angelsächsischen Dorfes in der Grafschaft Bedfordshire in Mittelengland. 1942.

*Heft 5 B u s e, Karla: Stadt und Gemarkung Debrezin. Siedlungsraum von Bürgern, Bauern und Hirten im ungarischen Tiefland. 1942.

Band XII
*B a r t z, Fritz: Fischgründe und Fischereiwirtschaft an der Westküste Nordamerikas. Werdegang, Lebens- und Siedlungsformen eines jungen Wirtschaftsraumes. 1942.

Band XIII
*Heft 1 T o a s p e r n, Paul Adolf: Die Einwirkungen des Nord-Ostsee-Kanals auf die Siedlungen und Gemarkungen seines Zerschneidungsbereichs. 1950.

*Heft 2 V o i g t, Hans: Die Veränderung der Großstadt Kiel durch den Luftkrieg. Eine siedlungs- und wirtschaftsgeographische Untersuchung. 1950. (Gleichzeitig erschienen in der Schriftenreihe der Stadt Kiel, herausgegeben von der Stadtverwaltung.)

*Heft 3 M a r q u a r d t, Günther: Die Schleswig-Holsteinische Knicklandschaft. 1950.

*Heft 4 S c h o t t, Carl: Die Westküste Schleswig-Holsteins. Probleme der Küstensenkung. 1950.

Band XIV
*Heft 1 K a n n e n b e r g, Ernst-Günter: Die Steilufer der Schleswig-Holsteinischen Ostseeküste. Probleme der marinen und klimatischen Abtragung. 1951.

*Heft 2 L e i s t e r, Ingeborg: Rittersitz und adliges Gut in Holstein und Schleswig. 1952. (Gleichzeitig erschienen als Band 64 der Forschungen zur deutschen Landeskunde.)

Heft 3 R e h d e r s, Lenchen: Probsteierhagen, Fiefbergen und Gut Salzau: 1945-1950. Wandlungen dreier ländlicher Siedlungen in Schleswig-Holstein durch den Flüchtlingszustrom. 1953. X, 96 S., 29 Fig. im Text, 4 Abb.   5.00 DM

*Heft 4 B r ü g g e m a n n, Günter. Die holsteinische Baumschulenlandschaft. 1953.

Sonderband
*S c h o t t, Carl (Hrsg.): Beiträge zur Landeskunde von Schleswig-Holstein. Oskar Schmieder zum 60.Geburtstag. 1953. (Erschienen im Verlag Ferdinand Hirt, Kiel.)

Band XV
*Heft 1 L a u e r, Wilhelm: Formen des Feldbaus im semiariden Spanien. Dargestellt am Beispiel der Mancha. 1954.

*Heft 2 S c h o t t, Carl: Die kanadischen Marschen. 1955.

*Heft 3 J o h a n n e s, Egon: Entwicklung, Funktionswandel und Bedeutung städtischer Kleingärten. Dargestellt am Beispiel der Städte Kiel, Hamburg und Bremen. 1955.

*Heft 4 R u s t, Gerhard: Die Teichwirtschaft Schleswig-Holsteins. 1956.

Band XVI
*Heft 1 L a u e r, Wilhelm: Vegetation, Landnutzung und Agrarpotential in El Salvador (Zentralamerika). 1956.

*Heft 2 S i d d i q i, Mohamed Ismail: The Fishermen's Settlements on the Coast of West Pakistan. 1956.

*Heft 3 B l u m e, Helmut: Die Entwicklung der Kulturlandschaft des Mississippideltas in kolonialer Zeit. 1956.

Band XVII
*Heft 1 W i n t e r b e r g, Arnold: Das Bourtanger Moor. Die Entwicklung des gegenwärtigen Landschaftsbildes und die Ursachen seiner Verschiedenheit beiderseits der deutsch-holländischen Grenze. 1957.

*Heft 2 N e r n h e i m, Klaus: Der Eckernförder Wirtschaftsraum. Wirtschaftsgeographische Strukturwandlungen einer Kleinstadt und ihres Umlandes unter besonderer Berücksichtigung der Gegenwart. 1958.

*Heft 3 H a n n e s e n, Hans: Die Agrarlandschaft der schleswig-holsteinischen Geest und ihre neuzeitliche Entwicklung. 1959.

Band XVIII
Heft 1 H i l b i g, Günter: Die Entwicklung der Wirtschafts- und Sozialstruktur der Insel Oléron und ihr Einfluß auf das Landschaftsbild. 1959. 178 S., 32 Fig. im Text und 15 S. Bildanhang. 9.20 DM

Heft 2 S t e w i g, Reinhard: Dublin. Funktionen und Entwicklung. 1959. 254 S. und 40 Abb. 10.50 DM

Heft 3 D w a r s, Friedrich W.: Beiträge zur Glazial- und Postglazialgeschichte Südostrügens. 1960. 106 S., 12 Fig. im Text und 6 S. Bildanhang. 4.80 DM

Band XIX
Heft 1 H a n e f e l d, Horst: Die glaziale Umgestaltung der Schichtstufenlandschaft am Nordrand der Alleghenies. 1960. 183 S., 31 Abb. und 6 Tab. 8.30 DM

*Heft 2 A l a l u f, David: Problemas de la propiedad agricola en Chile. 1961.

*Heft 3 S a n d n e r, Gerhard: Agrarkolonisation in Costa Rica. Siedlung, Wirtschaft und Sozialgefüge an der Pioniergrenze. 1961. (Erschienen bei Schmidt & Klaunig, Kiel, Buchdruckerei und Verlag.)

Band XX
*L a u e r, Wilhelm (Hrsg.): Beiträge zur Geographie der Neuen Welt. Oskar Schmieder zum 70.Geburtstag. 1961.

Band XXI
*Heft 1 S t e i n i g e r, Alfred: Die Stadt Rendsburg und ihr Einzugsbereich. 1962.

Heft 2 B r i l l, Dieter: Baton Rouge, La. Aufstieg, Funktionen und Gestalt einer jungen Großstadt des neuen Industriegebiets am unteren Mississippi. 1963. 288 S., 39 Karten, 40 Abb.im Anhang. 12.00 DM

*Heft 3 D i e k m a n n, Sibylle: Die Ferienhaussiedlungen Schleswig-Holsteins. Eine siedlungs- und sozialgeographische Studie. 1964.

Band XXII
*Heft 1 E r i k s e n, Wolfgang: Beiträge zum Stadtklima von Kiel. Witterungsklimatische Untersuchungen im Raume Kiel und Hinweise auf eine mögliche Anwendung der Erkenntnisse in der Stadtplanung. 1964.

*Heft 2 S t e w i g, Reinhard: Byzanz - Konstantinopel - Istanbul. Ein Beitrag zum Weltstadtproblem. 1964.

*Heft 3 B o n s e n, Uwe: Die Entwicklung des Siedlungsbildes und der Agrarstruktur der Landschaft Schwansen vom Mittelalter bis zur Gegenwart. 1966.

Band XXIII
*S a n d n e r, Gerhard (Hrsg.): Kulturraumprobleme aus Ostmitteleuropa und Asien. Herbert Schlenger zum 60.Geburtstag. 1964.

Band XXIV
Heft 1 W e n k, Hans-Günther: Die Geschichte der Geographie und der Geographischen Landesforschung an der Universität Kiel von 1665 bis 1879. 1966. 252 S., mit 7 ganzstg. Abb.   14.00 DM

Heft 2 B r o n g e r, Arnt: Lösse, ihre Verbraunungszonen und fossilen Böden, ein Beitrag zur Stratigraphie des oberen Pleistozäns in Südbaden. 1966. 98 S., 4 Abb. und 37 Tab. im Text, 8 S. Bildanhang und 3 Faltkarten.   9.00 DM

*Heft 3 K l u g, Heinz: Morphologische Studien auf den Kanarischen Inseln. Beiträge zur Küstenentwicklung und Talbildung auf einem vulkanischen Archipel. 1968. (Erschienen bei Schmidt & Klaunig, Kiel, Buchdruckerei und Verlag.)

Band XXV
*W e i g a n d, Karl: I. Stadt-Umlandverflechtungen und Einzugsbereiche der Grenzstadt Flensburg und anderer zentraler Orte im nördlichen Landesteil Schleswig. II. Flensburg als zentraler Ort im grenzüberschreitenden Reiseverkehr. 1966.

Band XXVI
*Heft 1 B e s c h, Hans-Werner: Geographische Aspekte bei der Einführung von Dörfergemeinschaftsschulen in Schleswig-Holstein. 1966.

*Heft 2 K a u f m a n n, Gerhard: Probleme des Strukturwandels in ländlichen Siedlungen Schleswig-Holsteins, dargestellt an ausgewählten Beispielen aus Ostholstein und dem Programm-Nord-Gebiet. 1967.

Heft 3 O l b r ü c k, Günter: Untersuchung der Schauertätigkeit im Raume Schleswig-Holstein in Abhängigkeit von der Orographie mit Hilfe des Radargeräts. 1967. 172 S., 5 Aufn., 65 Karten, 18 Fig. und 10 Tab. im Text, 10 Tab. im Anhang.   12.00 DM

Band XXVII
Heft 1 B u c h h o f e r, Ekkehard: Die Bevölkerungsentwicklung in den polnisch verwalteten deutschen Ostgebieten von 1956-1965. 1967. 282 S., 22 Abb., 63 Tab. im Text, 3 Tab., 12 Karten und 1 Klappkarte im Anhang.   16.00 DM

Heft 2 R e t z l a f f, Christine: Kulturgeographische Wandlungen in der Maremma. Unter besonderer Berücksichtigung der italienischen Bodenreform nach dem Zweiten Weltkrieg. 1967. 204 S., 35 Fig. und 25 Tab.   15.00 DM

Heft 3 B a c h m a n n, Henning: Der Fährverkehr in Nordeuropa - eine verkehrsgeographische Untersuchung. 1968. 276 S., 129 Abb. im Text, 67 Abb. im Anhang.   25.00 DM

Band XXVIII
*Heft 1 W o l c k e. Irmtraud-Dietlinde: Die Entwicklung der Bochumer Innenstadt. 1968.

*Heft 2 W e n k, Ursula: Die zentralen Orte an der Westküste Schleswig-Holsteins unter besonderer Berücksichtigung der zentralen Orte niederen Grades. Neues Material über ein wichtiges Teilgebiet des Programm Nord. 1968.

*Heft 3 W i e b e, Dietrich: Industrieansiedlungen in ländlichen Gebieten, dargestellt am Beispiel der Gemeinden Wahlstedt und Trappenkamp im Kreis Segeberg. 1968.

Band XXIX

Heft 1 V o r n d r a n, Gerhard: Untersuchungen zur Aktivität der Gletscher, dargestellt an Beispielen aus der Silvrettagruppe. 1968. 134 S., 29 Abb. im Text, 16 Tab. und 4 Bilder im Anhang. 12.00 DM

Heft 2 H o r m a n n, Klaus: Rechenprogramme zur morphometrischen Kartenauswertung. 1968. 154 S., 11 Fig. im Text und 22 Tab. im Anhang. 12.00 DM

Heft 3 V o r n d r a n, Edda: Untersuchungen über Schuttentstehung und Ablagerungsformen in der Hochregion der Silvretta (Ostalpen). 1969. 137 S., 15 Abb. und 32 Tab. im Text, 3 Tab. und 3 Klappkarten im Anhang. 12.00 DM

Band 30

*S c h l e n g e r, Herbert, Karlheinz P a f f e n, Reinhard S t e w i g (Hrsg.): Schleswig-Holstein, ein geographisch-landeskundlicher Exkursionsführer. 1969. Festschrift zum 33.Deutschen Geographentag Kiel 1969. (Erschienen im Verlag Ferdinand Hirt, Kiel; 2.Auflage, Kiel 1970.)

Band 31

M o m s e n, Ingwer Ernst: Die Bevölkerung der Stadt Husum von 1769 bis 1860. Versuch einer historischen Sozialgeographie. 1969. 420 S., 33 Abb. und 78 Tab. im Text, 15 Tab. im Anhang. 24.00 DM

Band 32

S t e w i g, Reinhard: Bursa, Nordwestanatolien. Strukturwandel einer orientalischen Stadt unter dem Einfluß der Industrialisierung. 1970. 177 S., 3 Tab., 39 Karten, 23 Diagramme und 30 Bilder im Anhang. 18.00 DM

Band 33

T r e t e r, Uwe: Untersuchungen zum Jahresgang der Bodenfeuchte in Abhängigkeit von Niederschlägen, topographischer Situation und Bodenbedeckung an ausgewählten Punkten in den Hüttener Bergen/Schleswig-Holstein. 1970. 144 S., 22 Abb., 3 Karten und 26 Tab. 15.00 DM

Band 34

*K i l l i s c h, Winfried F.: Die oldenburgisch-ostfriesischen Geestrandstädte. Entwicklung, Struktur, zentralörtliche Bereichsgliederung und innere Differenzierung. 1970.

Band 35

R i e d e l, Uwe: Der Fremdenverkehr auf den Kanarischen Inseln. Eine geographische Untersuchung. 1971. 314 S., 64 Tab., 58 Abb. im Text und 8 Bilder im Anhang. 24.00 DM

Band 36

H o r m a n n, Klaus: Morphometrie der Erdoberfläche. 1971. 189 S., 42 Fig., 14 Tab. im Text. 20.00 DM

Band 37

S t e w i g, Reinhard (Hrsg.): Beiträge zur geographischen Landeskunde und Regionalforschung in Schleswig-Holstein. 1971. Oskar Schmieder zum 80.Geburtstag. 338 S., 64 Abb., 48 Tab. und Tafeln. 28.00 DM

Band 38

S t e w i g, Reinhard und Horst-Günter W a g n e r (Hrsg.): Kulturgeographische Untersuchungen im islamischen Orient. 1973. 240 S., 45 Abb., 21 Tab. und 33 Photos. 29.50 DM

Band 39

K l u g, Heinz (Hrsg.): Beiträge zur Geographie der mittelatlantischen Inseln. 1973. 208 S., 26 Abb., 27 Tab. und 11 Karten. 32.00 DM

Band 40

S c h m i e d e r, Oskar: Lebenserinnerungen und Tagebuchblätter eines Geographen. 1972. 181 S., 24 Bilder, 3 Faksimiles und 3 Karten. 42.00 DM

Band 41

K i l l i s c h, Winfried F. und Harald T h o m s: Zum Gegenstand einer interdisziplinären Sozialraumbeziehungsforschung. 1973. 56 S., 1 Abb. 7.50 DM

Band 42

N e w i g, Jürgen: Die Entwicklung von Fremdenverkehr und Freizeitwohnwesen in ihren Auswirkungen auf Bad und Stadt Westerland auf Sylt. 1974. 222 S., 30 Tab., 14 Diagramme, 20 kartographische Darstellungen und 13 Photos. 31.00 DM

Band 43

*K i l l i s c h, Winfried F.: Stadtsanierung Kiel-Gaarden. Vorbereitende Untersuchung zur Durchführung von Erneuerungsmaßnahmen. 1975.

Kieler Geographische Schriften
Band 44, 1976 ff.

Band 44

K o r t u m, Gerhard: Die Marvdasht-Ebene in Fars. Grundlagen und Entwicklung einer alten iranischen Bewässerungslandschaft. 1976. XI, 297 S., 33 Tab., 20 Abb. 38.50 DM

Band 45

B r o n g e r, Arnt: Zur quartären Klima- und Landschaftsentwicklung des Karpatenbeckens auf (paläo-) pedologischer und bodengeographischer Grundlage. 1976. XIV, 268 S., 10 Tab., 13 Abb. und 24 Bilder. 45.00 DM

Band 46

B u c h h o f e r, Ekkehard: Strukturwandel des Oberschlesischen Industrieviers unter den Bedingungen einer sozialistischen Wirtschaftsordnung. 1976. X, 236 S., 21 Tab. und 6 Abb., 4 Tab und 2 Karten im Anhang. 32.50 DM

Band 47

W e i g a n d, Karl: Chicano - Wanderarbeiter in Südtexas. Die gegenwärtige Situation der Spanisch sprechenden Bevölkerung dieses Raumes. 1977. IX, 100 S., 24 Tab. und 9 Abb., 4 Abb. im Anhang. 15.70 DM

Band 48

W i e b e, Dietrich: Stadtstruktur und kulturgeographischer Wandel in Kandahar und Südafghanistan. 1978. XIV, 326 S., 33 Tab., 25 Abb. und 16 Photos im Anhang. 36.50 DM

Band 49

K i l l i s c h, Winfried F.: Räumliche Mobilität - Grundlegung einer allgemeinen Theorie der räumlichen Mobilität und Analyse des Mobilitätsverhaltens der Bevölkerung in den Kieler Sanierungsgebieten. 1979. XII, 208 S., 30 Tab. und 39. Abb., 30 Tab. im Anhang. 24.60 DM

Band 50

P a f f e n, Karlheinz und Reinhard S t e w i g (Hrsg.): Die Geographie an der Christian-Albrechts-Universität 1879-1979. Festschrift aus Anlaß der Einrichtung des ersten Lehrstuhles für Geographie am 12. Juli 1879 an der Universität Kiel. 1979. VI, 510 S., 19 Tab. und 58 Abb. 38.00 DM

Band 51

S t e w i g, Reinhard, Erol T ü m e r t e k i n, Bedriye T o l u n, Ruhi T u r f a n, Dietrich W i e b e und Mitarbeiter: Bursa, Nordwestanatolien. Auswirkungen der Industrialisierung auf die Bevölkerungs- und Sozialstruktur einer Industriegroßstadt im Orient. Teil 1. 1980. XXVI, 335 S., 253 Tab. und 19 Abb. 32.00 DM

Band 52

B ä h r, Jürgen und Reinhard S t e w i g (Hrsg.): Beiträge zur Theorie und Methode der Länderkunde. Oskar Schmieder (27. Januar 1891 - 12. Februar 1980) zum Gedenken. 1981. VIII, 64 S., 4 Tab. und 3 Abb. 11.00 DM

Band 53

M ü l l e r, Heidulf E.: Vergleichende Untersuchungen zur hydrochemischen Dynamik von Seen im Schleswig-Holsteinischen Jungmoränengebiet. 1981. XI, 208 S., 16 Tab., 61 Abb. und 14 Karten im Anhang. 25.00 DM

Band 54

A c h e n b a c h, Hermann: Nationale und regionale Entwicklungsmerkmale des Bevölkerungsprozesses in Italien. 1981. IX, 114 S., 36 Fig. 16.00 DM

Band 55
D e g e, Eckart: Entwicklungsdisparitäten der Agrarregionen Südkoreas. 1982. XXII, 332 S., 50 Tab., 44 Abb. und 8 Photos im Textband sowie 19 Kartenbeilagen in separater Mappe.
49.00 DM

Band 56
B o b r o w s k i, Ulrike: Pflanzengeographische Untersuchungen der Vegetation des Bornhöveder Seengebiets auf quantitativ-soziologischer Basis. 1982, XIV, 175 S., 65 Tab., 19 Abb.
23.00 DM

Band 57
S t e w i g, Reinhard (Hrsg.): Untersuchungen über die Großstadt in Schleswig-Holstein. 1983. X, 194 S., 46 Tab., 38 Diagr. und 10 Abb.
24.00 DM

Band 58
B ä h r, Jürgen (Hrsg.): Kiel 1879-1979. Entwicklung von Stadt und Umland im Bild der Topographischen Karte 1 : 25 000. Zum 32. Deutschen Kartographentag vom 11.-14. Mai 1983 in Kiel. 1983. III, 192 S., 21 Tab., 38 Abb. mit 2 Kartenblättern in Anlage. ISBN 3-923887-00-0.
28.00 DM

Band 59
G a n s, Paul: Raumzeitliche Eigenschaften und Verflechtungen innerstädtischer Wanderungen in Ludwigshafen/Rhein zwischen 1971 und 1978. Eine empirische Analyse mit Hilfe des Entropiekonzeptes und der Informationsstatistik. 1983. XII, 226 S., 45 Tab., 41 Abb. ISBN 3-923887-01-9.
30.00 DM

Band 60
P a f f e n †, Karlheinz und K o r t u m, Gerhard: Die Geographie des Meeres. Disziplingeschichtliche Entwicklung seit 1650 und heutiger methodischer Stand. 1984. XIV, 293 Seiten, 25 Abb. ISBN 3-923887-02-7.
36.00 DM

Band 61
*B a r t e l s †, Dietrich u.a.: Lebensraum Norddeutschland. 1984. IX, 139 Seiten, 23 Tabellen und 21 Karten. ISBN 3-923887-03-5.
22.00 DM

Band 62
K l u g, Heinz (Hrsg.): Küste und Meeresboden. Neue Ergebnisse geomorphologischer Feldforschungen. 1985. V, 214 Seiten, 66 Abb., 45 Fotos, 10 Tabellen. ISBN 3-923887-04-3.
39.00 DM

Band 63
K o r t u m, Gerhard: Zuckerrübenanbau und Entwicklung ländlicher Wirtschaftsräume in der Türkei. Ausbreitung und Auswirkung einer Industriepflanze unter besonderer Berücksichtigung des Bezirks Beypazari (Provinz Ankara). 1986. XVI, 392 Seiten, 36 Tab., 47 Abb. und 8 Fotos im Anhang. ISBN 3-923887-05-1.
45.00 DM

Band 64
F r ä n z l e, Otto (Hrsg.): Geoökologische Umweltbewertung. Wissenschaftstheoretische und methodische Beiträge zur Analyse und Planung. 1986. VI, 130 Seiten, 26 Tab., 30 Abb. ISBN 3-923887-06-X.
24.00 DM

Band 65
S t e w i g, Reinhard: Bursa, Nordwestanatolien. Auswirkungen der Industrialisierung auf die Bevölkerungs- und Sozialstruktur einer Industriegroßstadt im Orient. Teil 2. 1986. XVI, 222 Seiten, 71 Tab., 7 Abb. und 20 Fotos. ISBN 3-923887-07-8.
37.00 DM

Band 66
S t e w i g, Reinhard (Hrsg.): Untersuchungen über die Kleinstadt in SchleswigHolstein. 1987. VI, 370 Seiten, 38 Tab., 11 Diagr. und 84 Karten. ISBN 3-923887-08-6.
48.00 DM

Band 67
A c h e n b a c h, Hermann: Historische Wirtschaftskarte des östlichen Schleswig-Holstein um 1850. 1988. XII, 277 Seiten, 38 Tab., 34 Abb., Textband und Kartenmappe. ISBN 3-923887-09-4.
67.00 DM

Band 68
B ä h r, Jürgen (Hrsg.): Wohnen in lateinamerikanischen Städten - Housing in Latin American cities. 1988. IX, 299 Seiten, 64 Tab., 71 Abb. und 21 Fotos.
ISBN 3-923887-10-8. 44.00 DM

Band 69
B a u d i s s i n - Z i n z e n d o r f, Ute Gräfin von: Freizeitverkehr an der Lübecker Bucht. Eine gruppen- und regionsspezifische Analyse der Nachfrageseite. 1988. XII, 350 Seiten, 50 Tab., 40 Abb. und 4 Abb. im Anhang.
ISBN 3-923887-11-6. 32.00 DM

Band 70
H ä r t l i n g, Andrea: Regionalpolitische Maßnahmen in Schweden. Analyse und Bewertung ihrer Auswirkungen auf die strukturschwachen peripheren Landesteile. 1988. IV, 341 Seiten, 50 Tab., 8 Abb. und 16 Karten.
ISBN 3-923887-12-4. 30.60 DM

Band 71
P e z, Peter: Sonderkulturen im Umland von Hamburg. Eine standortanalytische Untersuchung. 1989. XII, 190 Seiten, 27 Tab. und 35 Abb.
ISBN 3-923887-13-2. 22.20 DM

Band 72
K r u s e, Elfriede: Die Holzveredelungsindustrie in Finnland. Struktur- und Standortmerkmale von 1850 bis zur Gegenwart. 1989. X, 123 Seiten, 30 Tab., 26 Abb. und 9 Karten.
ISBN 3-923887-14-0. 24.60 DM

Band 73
B ä h r, Jürgen, Christoph C o r v e s & Wolfram N o o d t (Hrsg.): Die Bedrohung tropischer Wälder: Ursachen, Auswirkungen, Schutzkonzepte. 1989. IV, 149 Seiten, 9 Tab., 27 Abb.
ISBN 3-923887-15-9. 25.90 DM

Band 74
B r u h n, Norbert: Substratgenese - Rumpfflächendynamik. Bodenbildung und Tiefenverwitterung in saprolitisch zersetzten granitischen Gneisen aus Südindien. 1990. IV, 191 Seiten, 35 Tab., 31 Abb. und 28 Fotos.
ISBN 3-923887-16-7. 22.70 DM

Band 75
P r i e b s, Axel: Dorbezogene Politik und Planung in Dänemark unter sich wandelnden gesellschaftlichen Rahmenbedingungen. 1990.
ISBN 3-923887-17-5 Im Druck. 33.90 DM

Band 76
S t e w i g, Reinhard: Über das Verhältnis der Geographie zur Wirklichkeit und zu den Nachbarwissenschaften. Eine Einführung. 1990. IX, 131 Seiten, 15 Abb.
ISBN 3-923887-18-3 25.00 DM